钻石分级与营销

ZUANSHI FENJI YU YINGXIAO

主编　张晓晖
参编　武改朝　梅 申　陈 平

中国地质大学出版社
ZHONGGUO DIZHI DAXUE CHUBANSHE

图书在版编目(CIP)数据

钻石分级与营销/张晓晖主编. —武汉:中国地质大学出版社,2011.3(2014.7 重印)
ISBN 978-7-5625-2566-0

Ⅰ.① 钻…
Ⅱ.① 张…
Ⅲ.① 金刚石-分级;② 金刚石-首饰-销售学
Ⅳ.① TS934.3;② F768.7

中国版本图书馆 CIP 数据核字(2011)第 007133 号

钻石分级与营销 **张晓晖 主编**

责任编辑:张 球 李 晶 选题策划:叶友志 张 球 责任校对:张咏梅

出版发行:中国地质大学出版社(武汉市洪山区鲁磨路 388 号) 邮编:430074
电话:(027)67883511 传真:67883580 http://www.whddcb.com
经 销:全国新华书店 http://www.cugp.cn

开本:787mm×1 092mm 1/16 字数:310 千字 印张:12.125
版次:2011 年 3 月第 1 版 印次:2014 年 7 月第 2 次印刷
印刷:荆州鸿盛印务有限公司 印数:3001—4500 册

ISBN 978-7-5625-2566-0 定价:38.00 元

前　言

本书按照国家钻石分级标准(GB/T16554－2010)的最新理念,以钻石分级和钻石首饰营销为核心,深入浅出,形式活泼,突出实践性、知识性、趣味性,融入了“学习目标”、“心得体会”、“知识链接”、“特别提示”、“练一练”等知识单元,旨在提升职业院校珠宝类专业学生的钻石分级和钻石营销的职业素质和技能,可以作为职业院校宝玉石专业的教材,也可以作为钻石饰品营销从业人员的专业阅读资料。

本书共分三个部分:钻石基本性质、钻石分级基础、钻石营销常识,注重实践与理论对应,内容循序渐进,重点是进行职业技能的强化训练,提高从业人员的职业素质,要求规范化的操作,特别融合了实践指导的相关内容,列出了实习环节的目的、要求,目的在于锻炼从业人员对钻石的4C分级、整体评价、钻石分级鉴定证书运用、营销导购等方面的技能,从而提高综合职业素质并将所学的知识运用到钻石饰品营销实践工作中。

在本书的编写过程中,武改朝老师参与了第三部分的部分编写工作,马建老师对本书提出了宝贵建议,在此由衷地表示感谢。

由于笔者水平有限,书中不当之处在所难免,由衷希望读者给予批评指正。

目录

第一部分　钻石基本性质

第二部分　钻石的4C分级

第三部分 钻石首饰的营销

心得体会

第一部分 钻石基本性质

第一章 概 述

学习目标

掌握钻石的定义，了解钻石4C分级的含义。

钻石饰品一直是人们十分向往的一种珍贵装饰品。佩带钻石首饰能给人以美的享受，被认为是文明的一种标志，同时钻石是一种高档宝石，所以还具有很高的商业价值。由于历年来高档宝石价格一直在持续稳定地上升，因此，目前世界各国把钻石等高档宝石作为硬通货币的趋势已越来越明显了。

知识链接

钻石的矿物名称为金刚石，又称金刚钻，其英文名称Diamond，来源于希腊文Adamas，意为最硬的东西。人类利用钻石已有悠久的历史。早在古代，人们就相信钻石有神奇的力量，因而佩带它就成为最勇敢和最坚强的象征。许多国家的人都把钻石戒指作为定婚和结婚的信物，相信它能给人带来幸福。国际宝石界也普遍把钻石定为四月生辰石，成为纯洁无瑕的象征。在古代，钻石是权力地位的象征，著名的库利南Ⅰ号，就被镶嵌在大英帝国国王的权杖上，用以显示英王在世界上享有至高无上的权力。

钻石的原石是由位于伦敦贸易中心附近的国际钻石商贸公司(DTC)来进行分类和估价，并由该组织对钻石销售进行控制的，因此，与其他宝石不同的是，国际上对钻石有较统一的分级系统，因而它相对独立于其他宝石之外。

你知道吗?

标准圆钻型钻石质量品质的评定方法

即常言的4C分级，指的是从颜色(Color)、净度(Clarity)、切工(Cut)、质量

心得体会

(Carat)4 个方面，对钻石进行等级划分，由于 4 个要素的英文均以 C 开头，所以简称为“4C 分级”。

标准圆钻型是目前市场钻石琢型的主流，圆钻琢型是一种标准的形式，由冠部、腰棱和亭部三部分组成(图 1－1，图 1－2)。

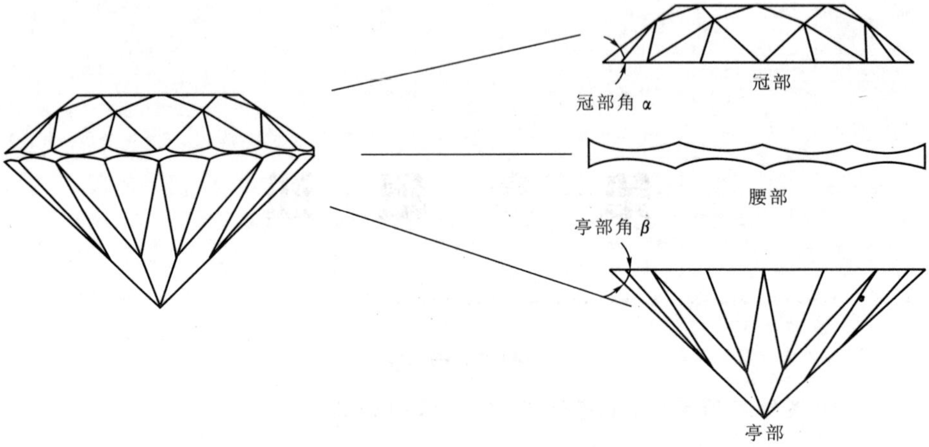

图 1－1　标准圆钻型切工侧视示意图

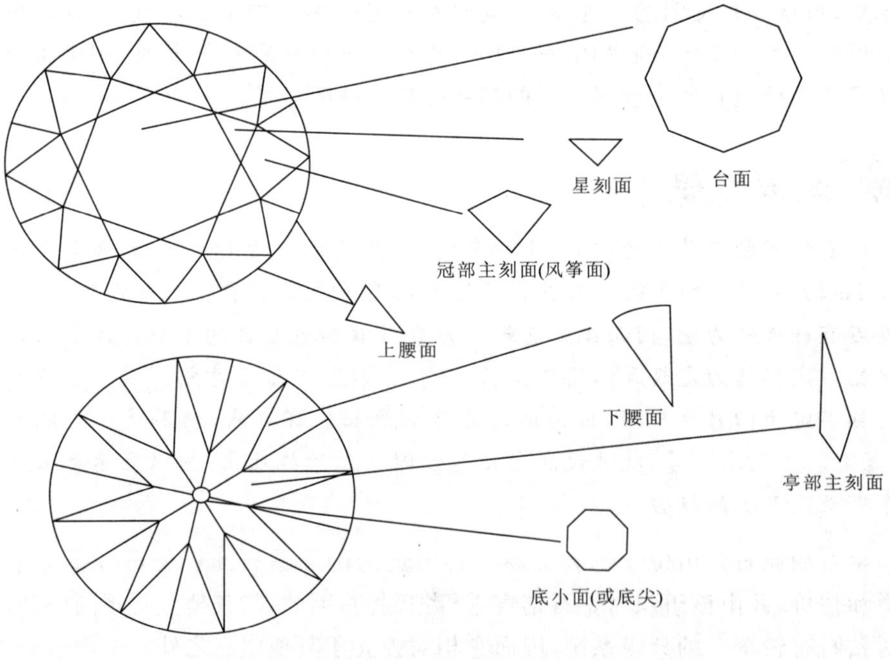

图 1－2　标准圆钻型切工的台面和亭部俯视图

特别提示

非圆钻型的成品钻通称为异型钻。

心得体会

画一画

请在下面方格内画出台面及亭部俯视图。

台面俯视图	亭部俯视图
数一数:标准圆钻型合计________个小面, 所以标准圆钻型又称为:________翻面琢型	

4C 分级是对标准圆钻型钻石质量的全面评价标准。当质量达到 70pt 以上的钻石,能够充分展现出钻石的亮度和火彩;另一方面,自然界产出的大钻石远比小钻石少得多,越大意味着越稀少。

颜色分级对钻石而言有两个含义:首先,钻石常见的颜色有无色—黄色、褐色和灰色等;其次,钻石的颜色为非常浓郁鲜明的彩色,便成为惹人喜爱的彩色钻石,天然产出的彩色钻石具有红色、蓝色、绿色等,非常珍贵稀少。

特别提示

在钻石的 4C 分级中,好的颜色指无色,即不带任何色调的无色透明钻石。

切工的好坏,直接影响钻石的美观。切工评价涉及钻石的琢型、刻面的分布、刻面大小及相对比例、角度、对称程度、抛光等方面,是 4C 分级中注重细节的部分。

净度及其级别用来描述钻石内、外部所具有的瑕疵程度。净度评价不仅是对钻石洁净程度的评价,而且体现了钻石的稀有程度。

总之,4C 分级反映了钻石的品质和外观,体现了钻石的稀有性和价值,是对钻石价值的全面描述,在钻石饰品的营销过程中起着重要作用。

本章练习题

1. 简述钻石 4C 分级的主要意义。
2. 金刚石(钻石)还可以应用于哪些其他领域?

营销知识储备

钻石标志着什么？(一)

1. 纯洁爱情的标志

钻石纯洁透明、经久不变，是纯洁爱情的标志，表示对爱情的永恒追求和忠贞。奥地利大公麦西米伦在1477年和法国玛利公主订亲时，曾派人给玛利公主带去一封信和一枚钻石戒指，信中说："订亲之日，公主必须佩戴一枚镶有钻石的戒指。"从此，钻戒成为恋人们订情的信物，并一直流传至今。

2. 高尚坚强的标志

钻石的摩氏硬度为10，是目前已知最硬的天然物质，实际上，钻石的绝对硬度是蓝宝石绝对硬度(摩氏硬度为9)的150倍。因此，人们把钻石看成是非凡能力的标志，它坚强无比，既坚不可摧，又攻无不克，是无穷财富的标志。

同时，钻石也是惟一一种集最高硬度、强折射率和高色散于一体的宝石品种，是任何其他宝石都无法比拟的。

心得体会

第二章 钻石的成因与产出

学习目标

了解钻石的发现史及世界名钻；了解世界钻石的资源分布特点，掌握钻石的形成过程以及产出类型等，能够运用所学知识介绍钻石发现史，钻石的成因、产出过程和主要世界名钻。

第一节 钻石的成因

一、地球的内部活动

形成钻石的物质来源于地球中地幔的含碳物质，地幔大部分是固态的，在地球内部循环流动。地幔热度几乎达到白炽，并处在巨大的压力下。在高温度、高压力的环境中，含碳物质转化成钻石，固体地幔连同其“蠕动的”含钻石晶体以每年几厘米的速度循环流动。随着这种运动，部分较热的地幔朝地球表面上升，较为刚性的近地表的地幔则连同一些薄的洋壳朝下俯冲。

在这种拉张或挤压作用下，地球地壳的固体岩石圈开始移动及破裂，这时发生地震和火山喷发。当来自地幔的含钻火山熔岩从地球深部往地表上升时，便将深部形成的钻石带到地球浅层及表面，并赋存于冷却的熔岩中。这样，我们就可以在冷却的岩石中找到原生钻石矿床。

知识链接

地幔厚度大约有 2 900km，它由高温的晶质富镁岩石组成。碳(C)是地幔岩的组成部分，占地幔岩的 1%，是在地幔岩和上覆地壳不断的循环运动过程中从地球表面和海床运移来的，它是形成钻石主要的物质来源。

二、钻石的形成条件

科学家们对来自世界不同矿山钻石及其中原生包裹体矿物的研究发现，钻石的形成条件一般为压力在 4.5～6.0GPa(相当于 150～200km 的深度)，温度为

1 100～1 500℃。理论上说钻石主要形成于距今33亿年前以及9～17亿年前这两个时期。

知识链接

钻石的形成需要一个漫长的历史过程，这从钻石主要出产于地球上古老的稳定大陆地区可以证实。另外，地外星体对地球的撞击，产生瞬间的高温、高压，也可形成钻石，如1988年前苏联科学院报道在陨石中发现了钻石，但这种作用形成的钻石并无经济价值。

练一练

请将钻石形成的条件与相应的参数、单位连起来：

形成时的深度	4.5～6.0	℃
形成时的压力	150～200	亿年
形成时的温度	33;9～17	GPa
形成时期	1 100～1 500	km

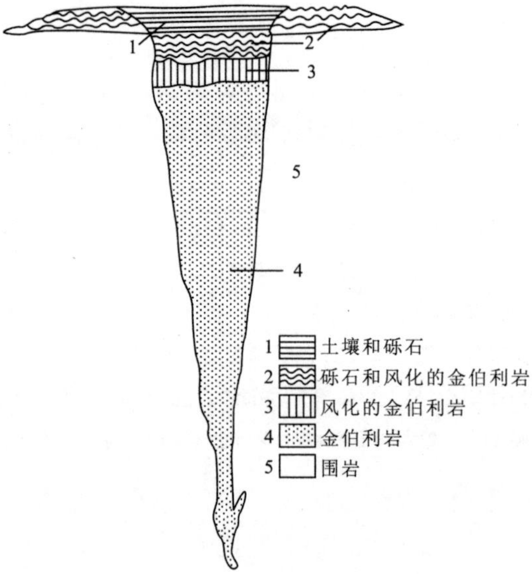

图 2-1　金伯利岩筒

第二节　钻石的产出

一、钻石的产出

钻石的产出主要有原生矿床和次生矿床。钻石在最初停留地富集达到一定规模时，称为钻石原生矿床；含有钻石的岩石在自然条件下风化，钻石残留在山坡、河流、海岸中并富集形成矿床，称为钻石次生矿床。

1. 原生矿床

原生矿床大多数是金伯利含钻石岩筒矿床（图 2-1）和某些火山口充填物以及岩床和岩墙中的矿床。钻石原生矿床主要是金伯利岩型，其次是钾镁煌斑岩型。

(1)金伯利岩型

金伯利岩是最常见的含钻石的岩浆岩，金伯利岩通常起源于上地幔150km以下深度的超基性钾质岩浆岩。其主要矿物组成为橄榄石、斜方辉石、单斜辉石和金云母，常含镁铝榴石、铬透辉石、镁钛铁矿、铬尖晶石等特征指示矿物，可含或不含金刚石。

目前世界上已知的金伯利岩筒有 5 000 个左右(图 2-2),我国只有山东蒙阴和辽宁复县的少数岩筒中金刚石含量较多(图 2-3),具有开采价值。

图 2-2 著名的南非金伯利岩筒

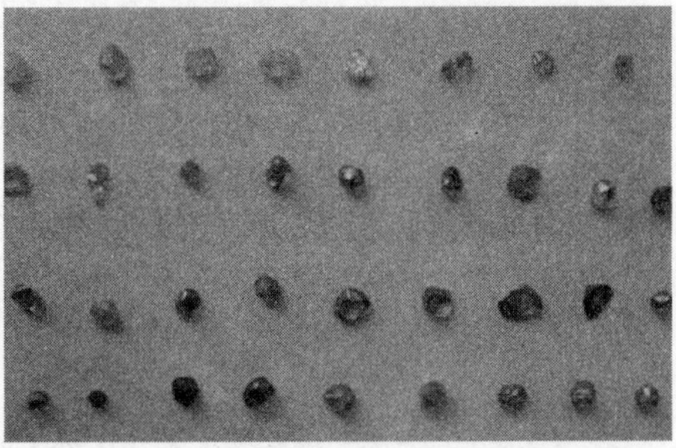

图 2-3 我国山东蒙阴金刚石原石

知识链接

从 1870 年南非发现第一个金伯利岩筒以来,世界上已找到 5 000 多个金伯利岩岩体,其中 1 000 多个(约占总数的 1/5)为岩筒产状,其余为岩墙、岩床、岩脉等产状。在这 5 000 多个金伯利岩体中,含金刚石的约占 50%,而具经济意义有开采价值的则更少,约占 5%~10%。

(2)钾镁煌斑岩型

钾镁煌斑岩是除金伯利岩之外,另一种含钻石的岩浆岩。

钾镁煌斑岩的主要矿物组成为橄榄石、透辉石、富钛金云母、碱性角闪石、白榴石等；其特征指示矿物：钾碱镁闪石、红柱石、钙钛矿、镁铁钛矿、钾钡石等。

知识链接

图 2-4 阿盖尔(Argyle)矿区

1976 年在西澳大利亚西部阿盖尔(Argyle)的钾镁煌斑岩中发现了金刚石(图 2-4)，尤其是阿盖尔 1 号钾镁煌斑岩岩筒，其地表面积 0.46km^2，金刚石平均含量 5ct/t，估计总储量约 4 亿 ct，成为当今世界上最大的原生金刚石矿床。

2. 次生矿床

次生矿床产出的钻石是指那些靠外部自然作用对原生钻石矿床风化、剥蚀、冲积、搬运、沉积作用形成的钻石矿床，次生矿床大都为砂矿。

大多数砂矿是冲积成因的，也有一些是残积的、海成的和沙滩砂矿。当然砂矿中的钻石含量取决于母岩中的钻石含量。

当河水在折弯岸的内侧流动缓慢，相对密度较大的矿物优先在这里大量堆积，也可在水流量减少处富集(图 2-5)。钻石耐磨损，故在几百万年时间里可被河流反复地搬运很远的距离。

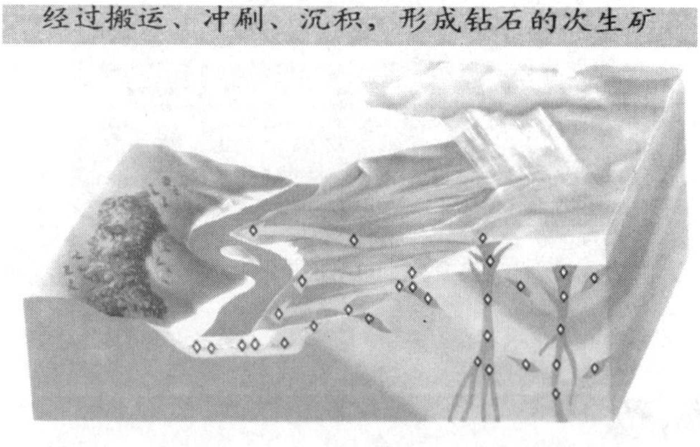

图 2-5 形成钻石砂矿示意图

钻石在河流和冰川搬运的自然条件下几乎是不受破坏且自然分选性好，因此，砂矿钻石大多比从岩筒中开采的质量要好。

心得体会

想一想

观察钻石在河道中搬运的示意图，想一想钻石次生矿通常形成于河道的哪一侧？

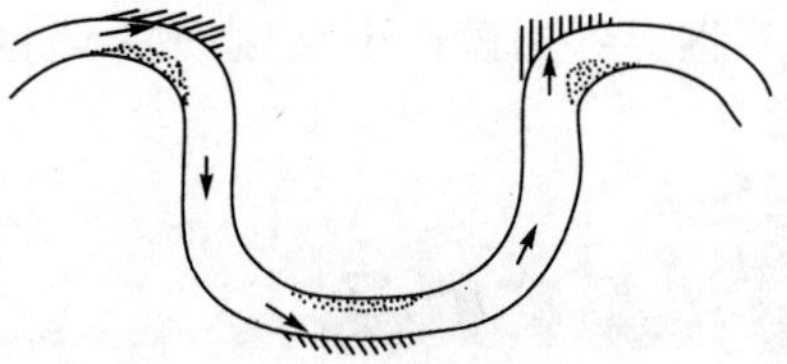

钻石在河道中的搬运示意图

你知道吗？

CBA 冠军“八一”队所获得的“至尊”钻戒是什么样吗？

2007 年“至尊”钻戒(图 2－6)：金重达 38.79g，共镶嵌了 109 颗高净度、高色度 VS 级钻石及 12 颗高品质蓝宝石，总重达 2.3ct。钻戒最高层有“八一”队队标——在一颗五角星上急速飞驰的火箭，五角星中还镶嵌着 12 颗蓝宝石，代表了 CBA 联赛风雨兼程的 12 年。

图 2－6 “至尊”钻戒

原生矿床岩筒中的金伯利岩(蓝地)在漫长的地质历史中遭受到风化破坏，逐渐变成黄色的泥土(黄地)，钻石因其硬度极大和化学性质非常稳定而毫无变化地藏在这些原地风化的土壤中，于是形成残积砂矿。同时，流水也会把风化岩石变成的砂石泥土搬运到山坡、河流直至滨海，自然也会带走一些金刚石，并沉积在山坡、河床或河漫滩和滨海附近，就形成了残积砂矿、坡积砂矿、河流冲积砂矿和滨海砂矿(图 2－7)。

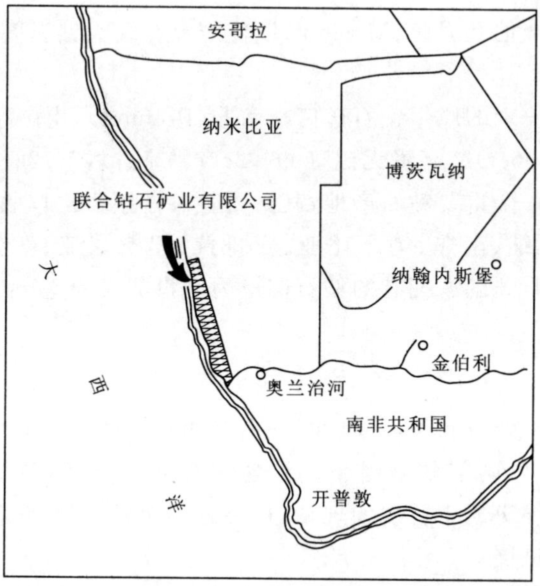

图 2－7 纳米比亚富含宝石级钻石的海滩矿床

世界各国砂矿中金刚石的储量近 9 亿 ct，约占世界金刚石总储量的 30%左右。

基本概念

黄地：黄色易碎金伯利岩风化产物。

蓝地：蓝灰色新鲜金伯利岩。

你知道吗?

为什么滨海砂矿产出的钻石品质高?

因为在海浪的长期反复冲击下，实现了自然分选，使小颗粒和裂隙较多的劣质金刚石被逐渐淘汰，保留下来的大多是无裂隙的宝石级金刚石。

二、钻石主要产出国

目前世界上共有 27 个国家发现钻石矿床，大部分位于非洲、俄罗斯、澳大利亚和加拿大(图 2－8)。

1. 非洲

南部非洲是世界主要钻石产区(南非、纳米比亚、博茨瓦纳、扎伊尔、安哥拉等)。

世界上最大的钻石砂矿在西南非纳米比亚，平均售价高于 300 $/ct，而且 95%以上为宝石级。

世界上最大的金伯利岩筒(Mwadui)以盛产宝石级大钻石闻名于世，它位于坦桑尼亚。

而世界上首次发现的原生钻石矿床在南非(Premier)，出产了许多世界著名大钻石："库利南"(3 106ct)、"高贵无比"(999.2ct)、"琼格尔"(726ct)等。

博茨瓦纳是另一个重要钻石产地，其钻石收入占国家出口收入的 70%以上。

扎伊尔、博茨瓦纳、南非、纳米比亚、安哥拉、坦桑尼亚、塞拉利昂(宝石级占 60%以上)、加纳等非洲国家拥有的钻石储量为全世界钻石总储量的 56%，宝石级平均为 31%。

2. 澳大利亚

澳大利亚钻石主要分布于西澳、北澳、南澳的八个产区。其中尤以西澳北部的阿盖尔地区最为著名，阿盖尔是当今世界含钻石最丰富、储量最大的岩体。1979 年在澳大利亚钾镁煌斑岩中首次发现钻石，突破了南非金伯利岩型的模式，这是钻石矿床学的突破性进展。

一般说来，澳大利亚钻石色级偏低，多为褐色系列，但其中含有一定数量的色泽鲜艳的玫瑰色、粉红色、少量蓝色钻石，属稀世珍宝。

目前，澳大利亚是钻石产量最多的国家，其储量占全球的 26%，其中宝石级约

5%。

3. 俄罗斯

俄罗斯萨哈(亚库特)共和国“阿尔罗萨”金刚石公司是俄钻石原料领域的行业垄断企业,其经营规模仅次于南非的 De Beers 公司居世界第二位。俄罗斯最大的金刚石开采地在西伯利亚萨哈(雅库特)共和国西部,该地区金刚石矿发现于 1949 年,20 世纪 70 年代开始大量开采,虽然粒度小,但优质透明,按目前每年生产 18～19 亿美元计算,该地区金刚石矿可保证生产 40～50 年。

4. 加拿大

1990 年在加拿大西北靠近北极圈的湖泊地带所发现的金伯利岩型原生矿,世界钻石史上又一大突破,加拿大政府建立了年产值近 3 亿美元的现代化的钻石厂(Ekati),澳大利亚著名 Argyle 钻石矿的上市公司 Rio tinti 在 Ekati 旁边兴建 Di-agvikD 矿厂,投资 8 亿美元,预计加拿大的钻坯将占全球产量 2.5%。

5. 亚洲及中国

印度是世界上最早发现钻石的地方,印度产的钻石,以哥尔贡达矿区最为著名,故也称“哥尔贡达石”,印度出产了古老而有名的大钻“莫卧儿大帝”、“摄政王”、“荷兰女皇”等,但目前产量很低。

中国 1950 年首次在湖南沅江流域发现具有经济价值的钻石砂矿,品质好,宝石级占 40%左右,但品位低,分布零散;20 世纪 60 年代在山东蒙阴找到的原生钻石矿品位高、储量大,但质量差,宝石级占 12%左右,且色泽偏黄,多用于工业上;70 年代初在辽宁瓦房店发现了钻石原生矿床,储量大、质量好,宝石级约占 50%以上,成为中国也是亚洲最大的原生钻石矿山(每年开采 10 万 ct 以上)。目前,我国金刚石探明储量和产量均居世界第 10 名左右,年产量约 20 万 ct。

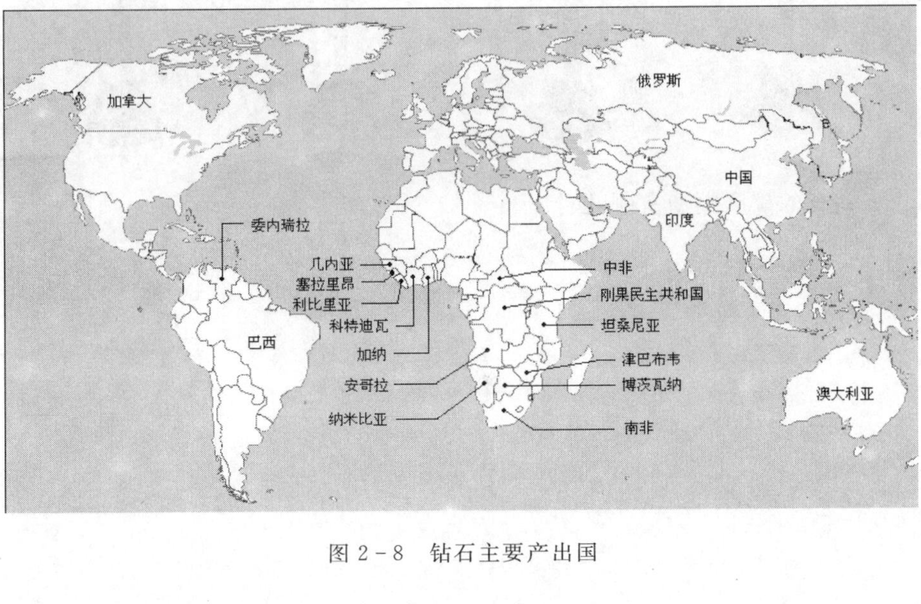

图 2-8 钻石主要产出国

知识链接

产量最高的排名依次为(2008 年 12 月):

澳大利亚(4 000 万 ct)、扎伊尔(2 000 万 ct)、博茨瓦纳(1 600 万 ct)、俄罗斯(1 200 万 ct)、南非(900 万 ct),这五个国家占世界总产量的 95%。另外,纳米比亚、安哥拉也是重要钻石产出国。

你知道吗?

我国最早的钻石开采地

清朝道光年间(1820—1850)湖南西部农民在湖南沅水地区淘金时先后在桃源、常德、黔阳一带发现钻石,当时钻石主要用作修补瓷器用的钻头。1952 年湖南省成立金刚石找矿勘探队,1958 年在湖南常德建立中国第一家金刚石开采企业——601 矿。湖南金刚石储量、产量都不大,年产量 2~3 万 ct,最高达 5 万 ct,宝石级占 60%~80%,发现最大钻石重 62.10ct。

本章练习题

1. 根据下面示意图,解释钻石如何形成。

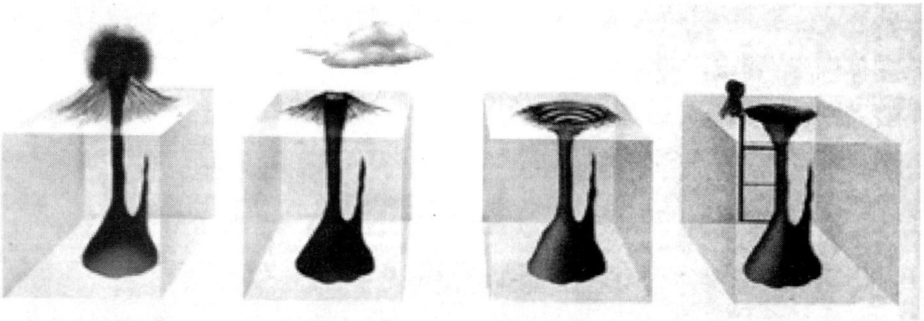

2. 钻石的矿床类型有哪几种?

第三章 钻石的开采与回收

学习目标

了解钻石的开采方法；了解世界钻石的资源分布，掌握钻石的开采与回收过程；钻石分选的主要阶段；钻石的切磨过程。能够运用所学知识介绍钻石的整个加工流程。

第一节 钻石的开采

一、原生矿床开采

原生矿床主要采用露天开采或地下开采两种形式进行，但大多数原生矿床，无论是金伯利岩型还是钾镁煌斑岩型，都是从露天采矿开始的。

小阅读

世界上最大的“人造洞穴”——“和平”钻石矿

图 3-1 西伯利亚“和平”钻石矿

“和平”钻石矿(图 3-1)位于俄罗斯西伯利亚永久冻土带雅库蒂亚市附近，这里是世界上最寒冷的地区之一，冬季的温度低至零下50℃，这个巨大的洞穴直径大约 1 600m，深度达 533m，从卫星照片上看，它就像是地球的一个大伤口。自从 20 世纪 50 年代赫鲁晓夫时期第一批钻石从“和平”钻石矿中被挖掘出来后，至今已从该矿中挖出了 1.65 亿 m^3 的岩石。由于这一钻石矿非常重要，克里姆林宫现在又将经营该矿的“艾尔罗萨”公司重新收归联邦政府控制。据悉，俄罗斯 99%的未切割钻石都是由“艾尔罗萨”公司供应的，它挖出的钻石占全球 23%的钻石产出量。

在这个“巨大洞穴”边上的小镇，也叫“和平”镇，该镇居住着 4 万多户居民。尽管"和平"钻石矿每年产出价值20亿英镑的钻石，但该镇却仍是世界上较为贫穷的地方。

1. 露天开采

露天开采的技术方法较为简单，首先从岩筒顶部剥离上覆物，然后向下在基岩中开挖梯段来挖掘矿石(图 3-2)。

梯段做成台阶状以减少因矿坑加深而出现滑坡和不稳定的危险。靠开挖梯段从岩洞中挖出矿石。每个台阶呈螺旋状向下以便地面运输工具能抵达每期开挖的最低台阶。许多矿坑深度可达 300m。

图 3-2　露天开采的台阶状外观

2. 地下开采

在稳定的围岩中布置竖井，打水平巷道至含钻石的岩筒中(图 3-3)。采矿可达到地面以下 900m 的深度。地下开采的方法主要有矿房法、矿块崩落法和分段崩落法等。

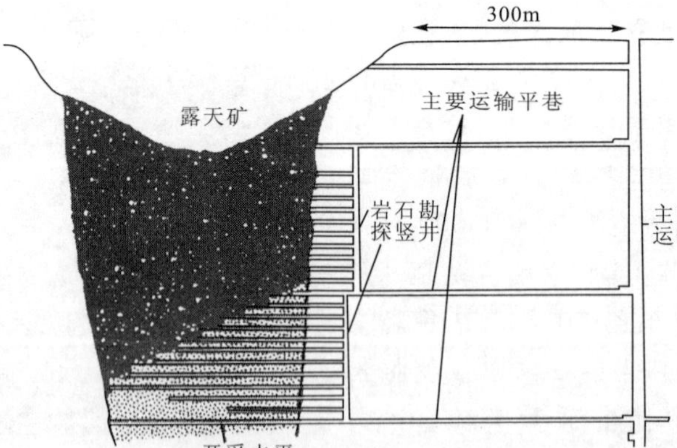

图 3-3　矿井剖面图(展示了主要竖井和各种水平巷道)

(1)矿房法

矿房法是一种较老的开采方法。在围岩竖井中挖掘若干个彼此间隔 14m 左右穿过岩筒的水平巷道(平巷)。巷道以规则间距从岩筒上部向深部挖掘并使每组新平巷位于上部平巷巷壁的下方。一旦平巷做好,就爆破平巷的顶,使上部平巷的矿柱崩落,直到上部平巷的矿石开采完。

这一开采方法的优点是开采安全,开采量可控制,但劳动强度大,通风困难。现已被更为现代的矿块崩落法所取代。

(2)矿块崩落法

矿块崩落法的原理:当岩筒中蓝地的底部被采出后,矿块就失去支撑,开始自行破碎,破碎的蓝地沿着通道经过漏斗进入水平巷道,水平巷道是一排穿过岩筒的混凝土衬砌并装备有机械耙的耙矿平巷(图 3-4)。金伯利岩就通过这些耙矿平巷提取出来,落入矿车。矿车把矿石运到建在围岩中的竖井,竖井的底部有破碎机,破碎的矿石被提升到地表并运到处理厂。

图 3-4 耙矿平巷

矿块崩落法提供了一个低价高效的方法,但这种开采方法的开始阶段,需要仔细的计算和设计,并经常调整工程布置和设计,以控制不同时期可开采矿石的重量。

(3)分段崩离法

这个方法是矿房法和矿块崩落法的结合,它建立一系列的平巷按垂直间距穿过岩筒,在围岩和金伯利岩之间开挖 3m 的垂直截槽。从垂直截槽往回开采,将相继的矿石采面钻出扇形布置的炮眼,充填炸药并爆破,使矿石下落到平巷中,炸下的矿石装入矿车中,运到放矿溜槽,然后输送到地表(图 3-5)。分段崩离法的投

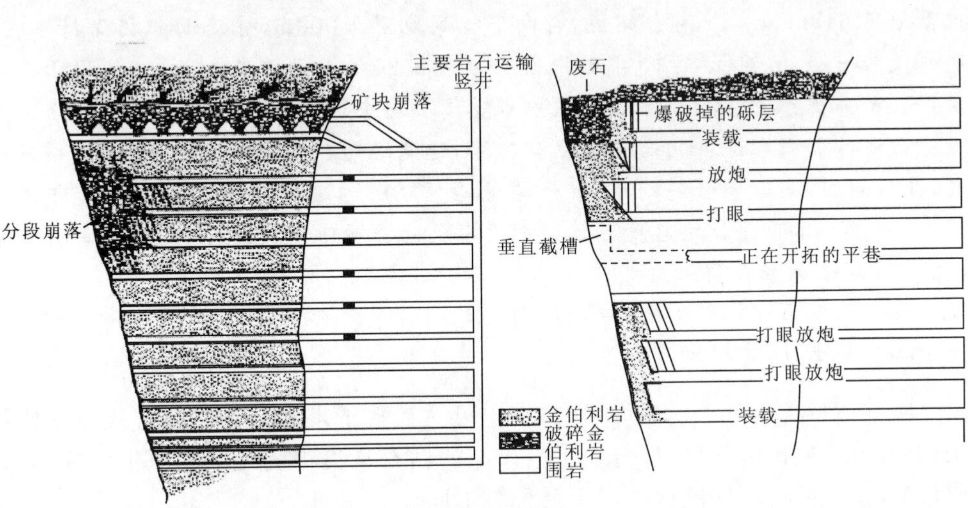

图 3-5 分段崩离法示意图

资要比前两种方法多，但它提供了一个含矿岩筒最后阶段高产的开采方法。

练一练

对比上述三种地下开采方法的优缺点，填出下表。

地下开采方法	优　点	缺　点

知识链接

钻石村与“首相”(Premier)矿井

钻石村位于南非行政首都比勒陀利亚东北方约50km处。1903年，戴比尔斯公司来此开采钻石。1905年1月25日，人们在刚挖至12m深的矿井里发现了重达3 106ct(1ct=200mg)的“库利南”钻石。钻石大如成年男子的拳头，纯净透明，呈淡蓝色，属极品，钻石村因此闻名。村里有世界上面积最大的钻石矿“首相”矿井，这也是世界上惟一出产蓝色钻石的矿井。在这个矿井里，人们还发现了世界上切工最精细切割面最多的“世纪”钻石和世界上最大的切割钻石“黄金五十年狂欢”钻石。

“首相”矿井的井口面积32hm^2($1hm^2=0.01km^2$)，井底面积为20hm^2，目前已挖至地下645m处。导游介绍说，再向下挖到地下1 000m，井底面积仍保持不变，矿井成为一个“直筒”。“首相”矿井生产的钻石20%用于首饰加工，80%用于工业生产。矿井出产的“首相蓝”钻石被一家美国公司全部买断，用于航天领域。

在矿区最引人注目的是一个巨型铁塔，这是运送矿石的升降机，由4个罐笼组成，分为两组，同时一上一下。每个罐笼净重8t，运送罐笼的钢绳重6t，可装载12.5t矿石，以6km/h的速度运作。矿井每天生产6 000ct(1.2kg)钻石，需要开采1.2万吨矿石才能获得。

二、次生矿床开采

次生钻石矿床可出现在母岩附近，也可达数百千米远。它们以古代或现代河床、海滩或海底矿床的形式产出，次生矿床的钻石富集程度远不如原生矿床，它是变化的，也就是说不同的次生矿床品位各不同。

心得体会

基本概念

品位:一定量的母岩中所含钻石的质量。

次生矿床可富集单颗价值比原生矿床高的多的钻石,这是流水分选作用的结果,因为低质量的大都被河流和海水冲击、搬运作用破坏掉了。

你知道吗?

纳米比亚的海岸带的钻石矿床是世界上储量最丰富的钻石产区。虽然其品位不如原生矿,但这些海岸带钻石中的95%是高质量的宝石级钻石。

钻石次生矿床既可产在古代河床,也可产在现今河流的位置,故可以分为"干"矿床和"湿"矿床两种主要类型,其中分布于古代河床的矿床为"干"矿床(河床中已没有流水),分布于现今河流的矿床为"湿"矿床。

1. "湿"矿床的开采

现今"湿"矿床是存在于现今河流中的矿床,挖掘钻石可采用以下两种方法开采,"湿"法挖掘或使河流改道后"干"法开采。

(1)"湿"法挖掘

使用不同型号的挖掘机从河中挖掘砂砾。最常见的挖掘机类型为吸扬式挖掘船,它像是安装在驳船上的大型真空吸尘器(图 3-6),利用大口径的软管把含钻石的砂砾吸上来。

(2)使河流改道

为了开采钻石把河流改道(图 3-7),当河流有河曲时,技术方法比较简单,即从下一个河弯处挖一条渠道到另一个河湾处使河流改道,在河曲的两端筑起堤坝。将堤坝拦住的河段抽干,然后挖掘砂砾以获取钻石矿砂。

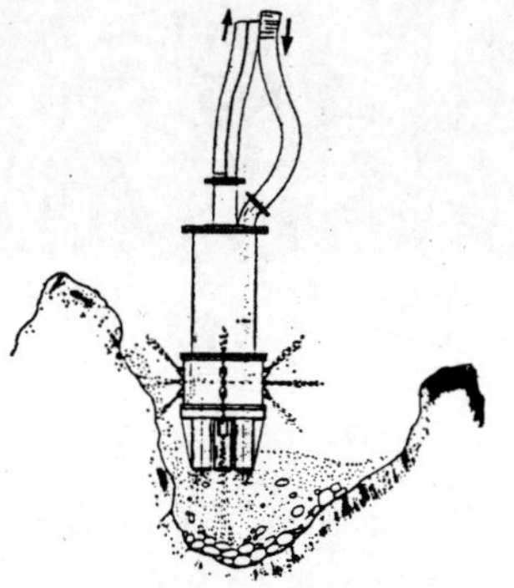

图 3-6 大型真空吸尘器

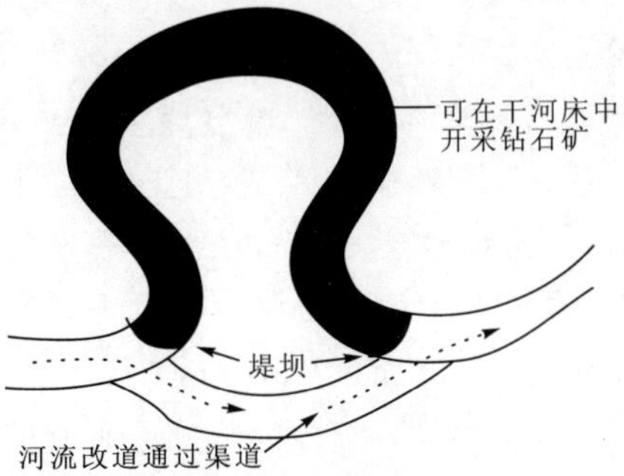

图 3-7 河流改道的方法

其他方法还有沿河流的中心线修一段墙,依靠该墙将河流的一侧堵住并抽干挖掘;也有的是挖一水渠,使河流有一段改道,原来那段河流变干后即可开采。

2.“干”矿床开采

从古代干河床开采钻石，采矿工作包括三个单独步骤：

(1)移走上覆物；

(2)采出含钻石的砾石；

(3)清扫基岩，确认没有钻石残留在裂隙、冲沟或洞穴里。

想一想

下面是古代干矿床的剖面图，请指出上覆层、含钻石砾岩、基岩的位置。

小阅读

“希望之星”(The Hope Diamond)的传奇历史

深蓝色钻石——“希望之星”(图3-8)，重45.52ct，这颗宝钻拥有一段传奇的历史：

1642年，宝钻自其出生地印度启程，于26年之后投入路易十四怀中。路易十四称这颗宝钻为“法国蓝宝石(French Blue)”。

图3-8 “希望之星”

路易十四佩带“希望之星”后不久便亡故，令这颗宝钻从此蒙上一层悲剧色彩。之后，该钻便留传到路易十五的手中，这位多情的男子将钻石赠与其情妇白礼女爵(Countess DuBarry)。

法国大革命期间，女爵遭到斩首的噩运。而路易十六王朝时期经常佩戴这颗宝钻的玛丽皇后(Marie Antoinette)，最后也难逃斩首宿命。

宝钻再次现世是在1824年。它的新主人是亨利·费力普·霍普(Henry Philip Hope)，这也正是“希望之星”(The Hope Diamond)名称的由来。

1839年，亨利·费力普·霍普去世，此后十年间他的三位继承人就遗产问题诉诸法庭。最终，他的侄子获得了包括“希望之星”在内的所有珠宝。“希望之星”在 1851 年伦敦博览会以及 1855 年巴黎博览会上展出，其余时间则保存在银行保险库中。

20 世纪初，“希望之星”在欧洲几经易手，虽被多次切割造型，但宝钻的悲剧历史却并未终止。20 世纪 20 年代初期，宝钻由美国华府社交名流爱芙琳·沃什·麦可林(Evelyn Walsh MacLean)拥有。后来，其子遭谋杀，而其夫则被卷入政府丑闻。

1949 年海瑞·温斯顿将“希望之星”收购。十年之后，温斯顿先生做出了一个人道主义决定，将宝钻捐赠给史密森机构(Smithsonian Institution)，收藏于该博物馆的海瑞·温斯顿展馆。从此，希望之星成为该博物馆最受欢迎的馆藏。

第二节　钻石分选和回收

一、钻石分选的主要阶段

1. 破碎分离阶段

破碎从采矿阶段就已开始，从岩筒内采出的岩石破碎到所要求的一定块度，碎裂矿石就被装车送去初碎。破碎机可以安在井下，也可以紧靠露天矿坑安装。最常用的两种破碎机是颚式破碎机和圆锥破碎机。在有些矿山中，矿石含大量粘土，可用安装了喷水嘴的大型旋转鼓式洗涤机去除这些粘土。

在次生矿床中，钻石已经从母岩中分离，它们与砾石冲积物一道需通过清洗机，清洗机与上述的洗涤机类似，将粘土等杂质尽量除去。

想一想

由于钻石与砾岩的相对密度不同，钻石较重，因此，请判断下图含钻砾岩的运动轨迹。

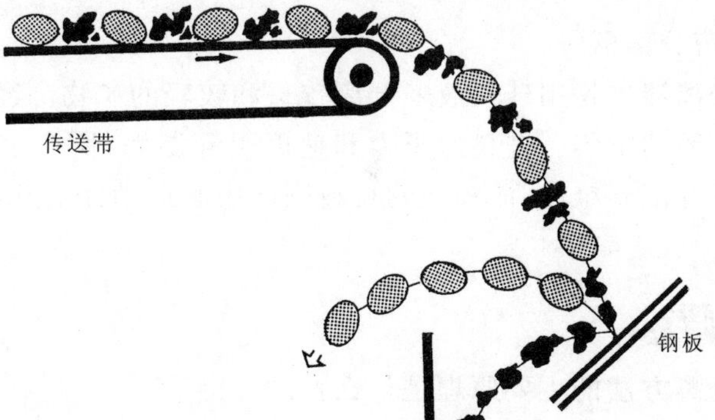

2. 选矿阶段

基本概念

选矿:根据矿石中不同矿物的物理、化学性质,把矿石破碎磨细以后,采用重选法、浮选法、磁选法、电选法等,将有用矿物与脉石矿物分开,并使各种共生的有用矿物尽可能相互分离,除去或降低有害杂质,以获得所需矿石的过程。

钻石的相对密度为3.52,而含钻矿石整体相对密度平均为2.6。这一相对密度差别可用于选矿过程除去大部分废料,目前采用的设备为旋转淘洗盘、矿物摇床、重介质分离器、水力旋流分离器等。

(1)矿物摇床

矿物摇床也是一种较老的选矿方法。这种方法是将进料堆在筛子上,水快速脉冲式地上下运动,较轻的矿物上浮,而较重的矿物则沉在底部。

(2)旋转淘洗盘

当金伯利岩与水相混时,便破碎形成泥浆状混合物,相对密度大致为1.25。在圆形旋转淘洗盘中,转动的铁齿耙可使泥浆状混合物保持悬浮状态。包括钻石在内的较重矿物沉到底部;铁齿耙转动的齿把它们推到盘的外缘,与此同时,较轻的矿石浮到表面后进入溢流圈并从中排出。

(3)重介质分离器

重介质分离器是一种较为现代的重矿物选矿方法,在这种分离器中利用硅铁溶液拌入水中形成悬浮液当作高密度介质或"重液",其相对密度大致为2.95,低于钻石,但高于废料。当破碎的钻石进入液体后,废料浮到表面以尾矿的形式排出,而相对密度较大的含钻矿石富集在分离器底部加以收集。

知识链接

硅铁是以焦炭、钢屑、石英(或硅石)为原料,用电炉冶炼制成的。常用于炼钢作脱氧剂,在钢铁工业、铸造工业及其他工业生产中被广泛应用。硅铁经过机械破碎而形成的硅铁粉,可用于选矿工业。

(4)水力旋流分离器

水力旋流分离器也是用硅铁液来分离较重和较轻的矿物。经破碎的矿石在高压下送入一个封闭的锥体。进料的压力和速度引起漩涡,所产生的离心力使较重的颗粒向外运动并沉到锥体,而较轻的材料则向中心运动并上升到顶部出口处。

想一想

上述四种分离方法的主要原理是什么?

心得体会

3. 回收

基本概念

回收:是指从经过提取后留下的精矿中最终分离出钻石原石的过程。

富集含钻较重的矿石在手选之前需要经过回收阶段,可使用以下几种方法进行回收。

(1)油脂台和传送带

这是一种最古老的钻石回收方法。它是由一位受雇于金伯利的工人于1896年最先发现的。将油脂抹在倾斜的台面上或传送带上,然后将含钻的较重矿石精矿和水一起倒在台面或传送带上。钻石将粘在油脂上,而精矿中的大多数其他矿物将被水冲走。其原理是利用钻石的亲油疏水性。

当油脂层沾满钻石后将油脂刮起并放入用金属筛布置成的封口容器内,将容器放到热水池中,油脂将溶化漂走,留下钻石精矿供手选。

(2)X射线分选机

X射线分选机由一个X射线源,一个用于记录X射线下发生荧光反映的光电倍增管和一个检测荧光反应的空气喷射器组成。空气喷射器可将钻石偏移,从而使钻石与其他无荧光反应的矿物分离开。

利用原理:钻石在X射线下发荧光。

4. 最后回收——手选

尽管有许多自动化回收方法,但最终回收依然靠手工进行。出于安全考虑,手工回收钻石操作在“手套箱”内进行。将一些钻石精矿平铺在分选者面前,分选者挑出钻石后放入槽中。

练一练

(1)破碎分离阶段始于________,终止于________阶段之前。

(2)选矿阶段的目标是得到________________。

(3)回收阶段包括________和随后的________,通常钻石最后的选取仍要靠________完成。

精彩视频

观看电影《血钻》,其中的钻石是什么颜色?

第三节　钻石的切磨

钻石的切磨过程主要包括：设计标线、锯钻（或劈钻）、车钻（打圆）、研磨和抛光、清洗等（图 3－9）。不是每颗钻石原石都必须通过这些过程，这要根据钻坯本身的具体情况而定。但是，设计标线、研磨和抛光，对任何钻石原石来说，都是不可少的。

图 3－9　钻石切磨厂概貌

经过钻石切磨师的智慧与精巧手艺，钻石原石将会呈现璀璨夺目的光彩，成为人们称羡的焦点和忠贞、高贵的象征。

一、钻石切磨步骤

（1）钻石原石（图 3－10）。首先依据形状、品质、大小分选。

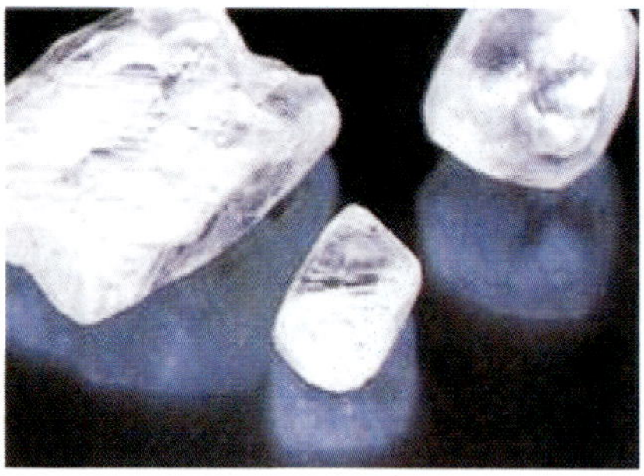

图 3－10　钻石原石

（2）研究钻石特性后加以划线（图 3－11，图 3－12）（这一步是关键）。

（3）根据划线劈钻或锯钻（图 3－13）。

（4）车钻（图 3－14）。用一颗钻石将另一颗钻石的尖角磨掉，称为车钻（打圆）。

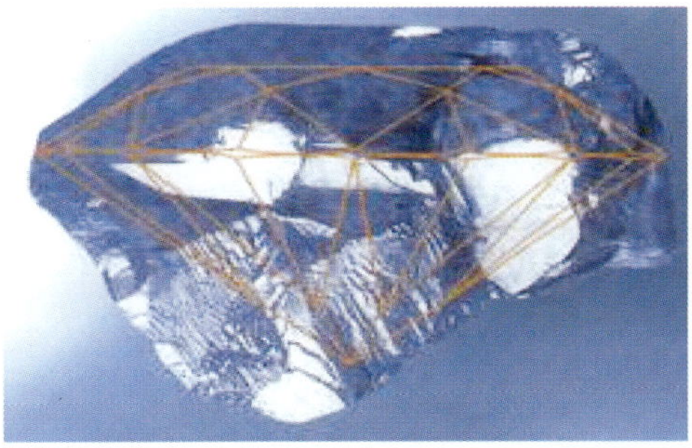

图 3-11 研究设计钻石特性

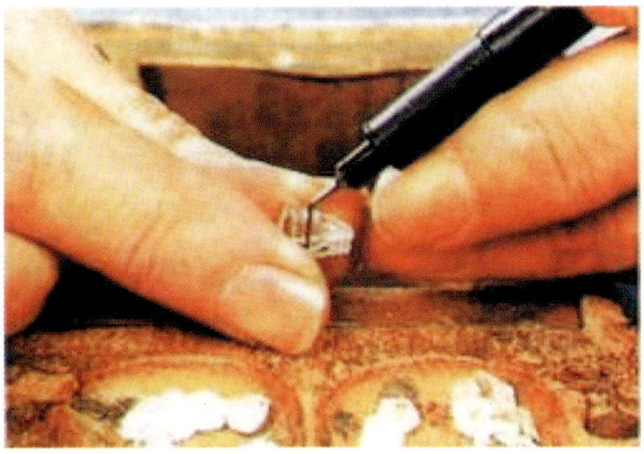

图 3-12 划线

图 3-13 劈钻

图 3-14 车钻(打圆)

车钻工序:观察→固定钻坯→钻坯定中→粗车→精车→光边→质量检查。

(5)研磨和抛光(图 3-15)。研磨钻石的刻面研磨和抛光是钻石切磨工艺中,不论何种琢形都必须经历的一道主要工序,占据钻石加工工艺流程总工作量的50%～60%,同时也是损耗较大的工序之一。

图 3－15　研磨钻石的刻面

基本概念

研磨：用研磨工具和研磨剂，从钻石上去掉一层极薄表面层的精加工方法。

抛光：利用机械、化学或电化学的作用，使钻石表面粗糙度降低，以获得光亮、平整表面的加工方法。

(6)清洗和成品分选。钻石磨成以后，进行专业清洗，滤干，然后送检分选。钻石切磨质量的检验应围绕比率是否失调、对称是否匀称及刻面加工质量好坏几个方面来进行，对一些不合格品需要返工重新切磨。

你知道吗？

劈开逐渐被锯开的方法取代了。

锯开所用的机械设备通常是一种磷青铜的切磨盘，它的边缘经常涂上油和钻石粉的混合物，切磨盘转速为 4 500～6 500 圈/min。钻石被固定在一个 V 型夹的枢竿上，可以调节角度，使切割位置及施加压力正确，锯开过程很慢，仅 1mm/h。现代技术允许运用激光束来锯开钻石了。激光束可以切割钻石的任何一个位置和方向，不需要考虑其生长纹的方位了。

二、标准圆钻型刻面的研磨顺序

一般而言，标准圆钻型钻石研磨顺序为：冠部刻面→亭部刻面。

1. 冠部研磨

标准圆钻要抛出 32 个标准瓣面(不含台面)，冠角为 31°～37°，抛磨出若干个标准瓣面，使其表面光泽晶亮(图 3－16)。

2. 亭部研磨

标准圆钻要抛出 24 或 25 个对称瓣面，亭角为 39°4′～42°1′。抛磨出若干个对

图 3－16 钻石冠部刻面的研磨顺序

称瓣面，使其表面光泽晶亮，加上磨好的冠部反射出来的色散，使整颗钻石折射出更加炫目的光彩(图 3－17)。

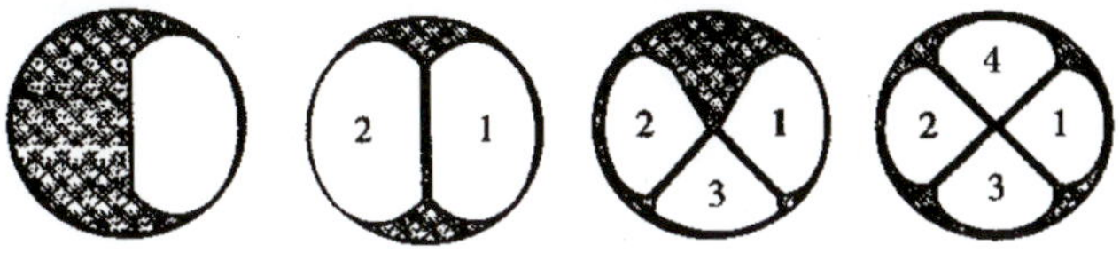

图 3－17 钻石亭部刻面的研磨顺序

名钻赏析

世界第一大钻——“库利南”(Cullinan)

Cullinan 以矿主的名字所命名“库利南”金刚石于 1905 年 1 月 26 日由戴比尔斯(De Beers)金刚石公司发现于南非比勒陀利亚地区的“普列米尔”(Premier)金伯利岩管中，其大小为：长 10cm，宽 6.5cm，厚 5cm，重 3 106ct，是迄今世界上已发现的最大宝石级金刚石。

“库利南”金刚石晶形不完整。呈碎块，形似成人的拳头；浅蓝白色，透明如水，品质极佳，“库利南”金刚石被切割、加工和琢磨成 105 块钻石，其中 9 块钻石闻名于世(图 3－18)。

图 3－18 库利南被分成的 9 颗钻石(形状模型)

Cullinan－Ⅰ钻石，重 530.20ct，呈梨形，非常美观，被命名为“伟大的非洲之星”(图 3－19)。1907 年“非洲之星”钻石以 15 万英镑卖给英国国王爱德华七世。并镶嵌在国王的“工笏”(即权杖)上。

图 3－19　Cullinan－1 钻石

Cullinan－Ⅱ钻石，重 317.40ct，呈圆垫形，极漂亮，曾镶嵌在英国女王伊丽莎白二世的皇冠上。

Cullinan－Ⅲ钻石，重 94.40ct，呈梨形；

Cullinan－Ⅳ钻石，重 63.60ct，呈圆垫形；

Cullinan－Ⅴ钻石，重 18.80ct，呈心形；

Cullinan－Ⅵ钻石，重 11.50ct，呈卵形；

Cullinan－Ⅶ钻石，重 8.80ct，呈卵形；

Cullinan－Ⅷ钻石，重 6.80ct，呈长方形，因加工技术高，钻石光彩夺目，十分喜人；

Cullinan－Ⅸ钻石，重 4.40ct，呈梨形。

练一练

请按照上述钻石切磨的文字叙述，写出钻石切磨的 6 道工序：

研究钻石原石→＿＿＿＿＿＿→＿＿＿＿＿＿→＿＿＿＿＿＿→＿＿＿＿＿＿→＿＿＿＿＿＿

三、钻石主要切磨中心

世界钻石切磨中心主要为以下几个(图 3－20)：

1. 比利时安特卫普(精湛钻石加工中心)

有“世界钻石之都”的美誉，全世界 50%以上的钻石交易在这里进行，一颗钻石如标有“安特卫普切工”，即是完美切工的代名词。

2. 以色列特拉维夫(精湛小钻加工中心)

优良切割及花式切割、新式切割钻石的主要供应地，有 40 位看货人，钻石出口额占整个以色列工业出口额的 1/3。

心得体会

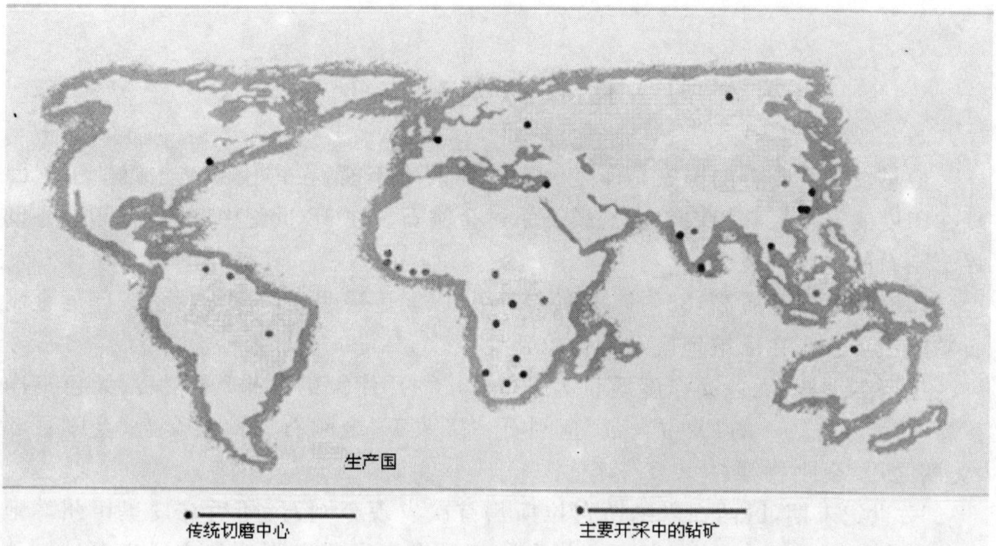

图 3-20 世界钻石主要产出国、切磨中心分布图

3. 美国纽约(大颗粒钻石加工中心)

纽约曼哈顿 47 街第五、六大道之间是闻名全球的钻石街,以前只加工 3ct 以上的大钻,目前扩大为 2ct 以上。

4. 印度孟买(小颗粒钻石加工中心)

以加工小钻为主,相对而言,"印度切工"不及其他国家,有 29 位看货人。80 位切割工人,平均每年加工 10 亿颗以上。

5. 其他地区

曼谷:20 世纪 80 年代初才开始建立第一座钻石切割厂,以加工 1~10pt 分钻石为主。

俄罗斯:俄罗斯车工除了角度、比率均在极好的范围内,抛光也极好。

另外,和泰国、俄罗斯一样,中国正在发展成为重要的加工切割中心。

你知道吗?

现在,许多最新的技术和高科技设备已使得钻石加工业变得科学而高效。

钻石原石分析和标记仪(Merlin)可使钻石保留最大质量来设计钻石琢型;钻石三维全自动成型磨具(Solid),可使钻石最大限度减少切磨时的质量损失,高效率使用激光在三维状态下自动完成钻石切磨成型。高级打圆机(Superbruters)适合 0.01~10ct 的原石磨圆,可实现最优化的圆形腰围。

阅读下面一节,并按时间顺序列出发现国家的先后顺序。

第四节　钻石的发现与开采历史

最早发现金刚石的国家是印度。大约在两千年前，在古代的戈尔康达王国即现在印度的安得拉邦境内曾大规模开采过金刚石。在 18 世纪中叶以前，印度是世界金刚石的主要产地。

印度金刚石品质高，85%以上属宝石级，以无色透明高净度为特色。印度金刚石矿床主要分布在潘纳地区和安得拉邦地区。

主要名钻有：无色高净度质量为 793.50ct 的“伟大的马果”金刚石、无色高净度质量为 787.50ct 的“蒙古大帝”金刚石、“摄政王”金刚石、“荷兰女皇”金刚石和“光明之山”金刚石等。

17 世纪末期，巴西在米纳斯吉拉斯州首次发现金刚石，随后在皮奥伊州等地又找到金刚石砂矿床，于是巴西取代了印度而成为世界金刚石的主要来源地。著名的宝石级大金刚石有：带微黄白色的质量为 726.60ct 的“瓦加斯总统”、带微棕白色的质量为 407.70ct 的“杜特拉总统”、微黄色的质量为 400.65ct 的“科罗曼德尔”以及“伟大的巴西”、“南方之星”、“埃及之星”等。

1866 年，在南非第一次发现金刚石，1870 年直接参加找金刚石的人数达到 5 万多人，先后在奥兰治河及其支流发现了规模大、品位高的金刚石砂矿。1870 年首次发现了含金刚石的金伯利岩岩筒，1871 年在金伯利城附近又发现了世界著名的“金伯利”、“德比尔斯”和“伯特丰坦”3 个岩筒，并由此产生了“金伯利岩”的命名。

1870 年以前，世界各国发现的金刚石都产自砂矿。南非一个最大的“首相”金伯利岩岩筒发现于 1902 年，该岩筒 1903 年投产以来，截止 20 世纪 70 年代末已采出金刚石 7 800 万 ct。该岩筒还产出了许多著名的大金刚石，如最大的宝石金刚石“库利南”等。该岩筒金刚石种类也十分丰富，达 1 000 多种，且金刚石品质很好，宝石级金刚石约占 55%。19 世纪中叶以来，南非就取代了巴西，成为世界上金刚石的主要产地。

1907 年，美国地质学家贾诺特(Janot)在扎伊尔普查金矿时在奇米尼纳河的冲积物中偶然发现一颗质量为 0.1ct 的金刚石。此后，人们用类似淘金的方法又找到许多金刚石砂矿。自 1953 年以后，扎伊尔的金刚石产量超过了南非，一度成为世界上产出金刚石最多的国家。

1908 年在纳米比亚(西南非洲)发现了金刚石，这里蕴藏着世界上最大的滨海金刚石砂矿，金刚石的品质也最好，宝石级金刚石约占 95%。

20 世纪以来，在非洲许多国家陆续发现了金刚石。1910 年在利比里亚，1912 年在安哥拉，1913 年在坦桑尼亚和中非共和国，1919 年在加纳，1929 年在象牙海岸，1930 年在塞拉利昂，1955 年在马里，1967 年在博茨瓦纳等国家都找到了金刚石。这些国家发现的主要都是金刚石砂矿，只有少数是金伯利岩原生矿床。

博茨瓦纳，1967 年发现世界第二大金伯利岩岩筒“欧拉帕”岩筒。1973 年又发

心得体会

现了富含宝石级金刚石的“杰旺年”岩筒。从此，博茨瓦纳成为世界上最重要的金刚石生产国。

俄罗斯，1954 年发现第一个金伯利岩岩筒“闪光”岩筒。1955 年以后，该区又陆续发现许多金伯利岩岩筒。这样，到 1971 年以后，苏联的金刚石产量就超过南非，跃居为世界第二位。

澳大利亚，1979 年发现了金刚石原生矿床的新类型——钾镁煌斑岩型钻石原生矿床，使澳大利亚一跃成为世界上最重要的金刚石产地。值得指出的是，澳大利亚“阿盖尔”岩管中含有一定数量的色泽鲜艳的玫瑰色和粉红色的宝石级金刚石，属稀世珍宝，平均每克拉金刚石售价超过 5 000 美元。

中国最早发现金刚石是清朝道光年间(1821—1850)，曾先后在湖南的桃源、常德一带发现金刚石。1953 年以来，经过勘查工作，湖南、山东和辽宁等省发现金刚石矿床，目前金刚石年产量为 15 万～20 万 ct。辽宁瓦房店地区是我国金刚石的主要产区，既有原生矿，也有砂矿。该区金刚石品质极佳，大多无色透明，颜色系列主要是 D—J 的白—浅黄白色系列级；净度高；形状以八面体和菱形十二面体为主，目前辽宁已发现的最大宝石级金刚石重达 65ct。

山东沂蒙山区是我国金刚石的重要产区，也是我国最早发现金伯利岩型金刚石原生矿床的地区，沂蒙山区原生矿中主要是工业级金刚石，宝石级金刚石仅占 15%。目前在原生矿中已发现的最大宝石级金刚石质量为 119ct，呈淡黄色，命名为“蒙山 1 号”金刚石。郯城地区砂矿中的金刚石，品质也较差，以产大金刚石闻名于世，如“栋家埠 1 号、2 号和 3 号”金刚石等。1942 年发现一颗质量为 437.50ct 的淡黄色宝石级大金刚石，命名为“金鸡钻石”。1977 年 12 月 21 日在山东省临沭县常林村农田中发现一颗质量为 158.7860ct 的金刚石，命名为“常林钻石”。

综观世界各国寻找和发现金刚石的历史，几乎毫无例外地都是先发现砂矿，然后经过多年勘查工作才发现原生矿，找寻金刚石原生矿床极其困难，往往历经十几年甚至几十年时间，要耗费大量投资和人力物力。

知识链接

全球钻石的储量

目前，已探明全球天然钻石储量大约有 2.5 亿 ct，其中澳大利亚 6.5 亿 ct，扎伊尔 5.5 亿 ct。按目前开采水平现有钻石储量只能开采 25 年，但随找矿科技水平的提高，每年都发现有新的矿区，近几年加拿大钻石储量明显增加。自从钻石开采以来，共采出钻石 350t 左右，既 17.5 亿 ct，现在全世界每年开采钻石在 9 000 万～1 亿 ct，其中宝石级占 17%～20%，20%宝石级钻石价值相当于 80%工业级金刚石价值的 5 倍。

目前世界最大的 9 颗钻石

1.“库利南”(Cullinan)。1905 年 1 月 21 日发现于南非普列米尔矿山。它纯净透明，带有淡蓝色调，质量为 3 106ct，3 个技艺超群的工匠，每天工作 14 小时，耗时 8 个月，后来被加工成 9 粒大钻石和 96 粒较小钻石。其中最大的一粒名叫“非洲之星第Ⅰ”,水滴形,镶在英国国王的权杖上。次大的一粒叫做“非洲之星第Ⅱ”,方形,64 个面,重 317.40ct,镶在英帝国王冠上。

2. 一颗未予命名的大钻石。1919 年,在“首相”矿山找到一颗重达 1 500ct 的宝石金刚石,颜色也和库利南相似,因此有人认为它和库利南是同一个大晶体破裂而成的,故没有给这块金刚石专门命名。

3. 尤里卡(Eureke)。1893 年,发现于南非奥兰治自由邦的贾格斯丰坦钻石矿。它光滑透明,呈蓝白色,光泽极佳,是一颗质量上乘的钻石。琢磨后最大的一颗重 69.68ct,被称作“高贵无比”。

4. 塞拉里昂之星(Star of Sierra Leone)。塞拉里昂的钻石以品质佳,颗粒大,有良好的八面体晶形而著称于世。塞拉里昂之星是 1972 年 2 月在扬格玛的钻石矿上发现的,重为 968.9ct,无色。

5. 科尔德曼·德迪奥斯。是巴西在发现“布拉岗扎”之后所发现的最大的钻石,重 922.5ct,具极佳的蓝白色。

6. 库稀努尔(Kohinur)是世界上已知最古老的钻石。相传早在 13 世纪时发现于印度著名的古钻石矿区——哥尔负达。原石重约 800ct,被称为“库稀努尔”。后被加工成椭圆形,重 108.83ct,无色(略带灰),并更名为“光明之山”。

7. 大莫卧儿(Great Mogul),也是世界著名的古钻石之一。大约 1630—1650 年间发现于印度的可拉矿区,原石重 787.5ct,被加工成玫瑰花型,后来去向不明。

8. 沃耶河(Weyie River),系 1945 年发现于塞拉里昂沃耶河谷砂矿中的大钻石。原石重 770ct,近于无色,品质甚佳,后被切割加工成 30 颗琢形钻石。最大者为 31.35ct,被命名为“胜利钻石”。

9. 金色纪念币(Golden Jubilee),1986 年发现于南非的“首相”矿山。原石重 755.50ct,呈深金褐色,后来磨出了一颗 545.67ct 的大钻。这是目前最大的一颗琢型钻石。该钻石现被镶嵌在泰王的权杖上。

世界上 25 颗最罕见的名钻图片网址:

http://www.docin.com/p—2647118.html

本章练习题

1. 请查阅相关资料,简述我国“常林钻石”的特征。
2. 请按时间顺序列出发现钻石国家的先后顺序。
3. 对照右图,简述其工作原理。

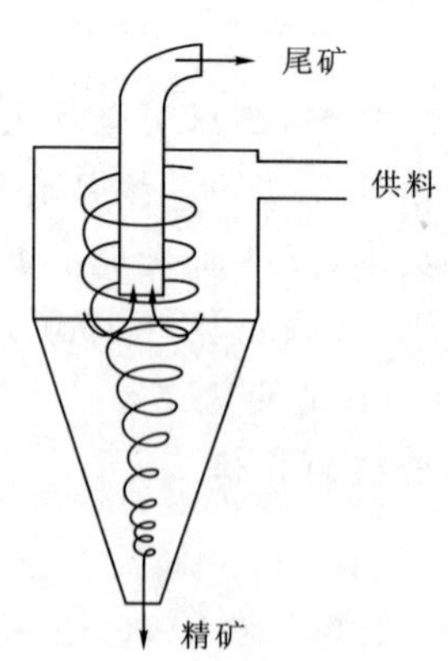

第四章 钻石的基本特征

学习目标

了解钻石的结构，掌握钻石的物理化学性质及宝石学特征，并能运用它们鉴定天然钻石和合成钻石的区别；寻找天然钻石和仿钻的区别点，并且在了解性质的基础上对钻石的评价提供理论依据。

第一节 钻石的化学成分及分类

钻石为单质矿物，主要由碳元素组成，化学分子式是C，除碳元素以外，还含有微量的氮(N)、硼(B)等成分，并据此将钻石分为两大类型：Ⅰ型和Ⅱ型。

知识链接

碳元素的拉丁文名称Carbonium来自Carbon一词，就是“煤”的意思，它首次出现在1787年由拉瓦锡等人编著的《化学命名法》一书中。碳的英文名称是Carbon，元素符号为C。

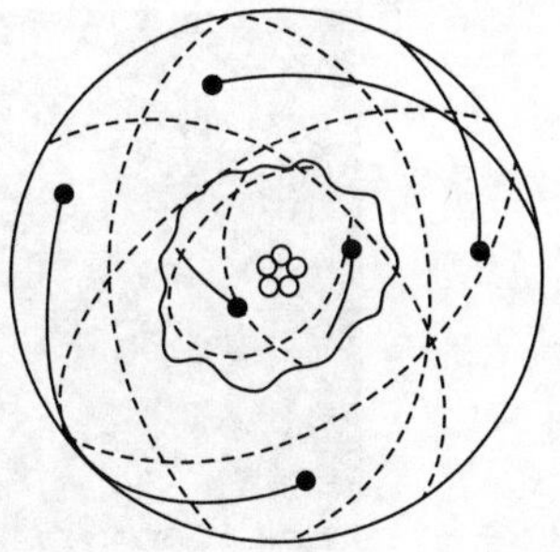

图4－1 碳原子的内部结构

碳有三种同素异形体：金刚石、石墨、C60。金刚石和石墨早已被人们所知，拉瓦锡做了燃烧金刚石和石墨的实验后，确定这两种物质燃烧都产生了二氧化碳，因而得出结论，即金刚石和石墨中含有相同的“基础”，称为碳。

C60是1985年由美国休斯顿赖斯大学的化学家克劳特(Kroto H. W.)等人发现的。它是由60个碳原子组成的一种球状的稳定的碳分子(图4－1)，是继金刚石和石墨之后的碳的第三种同素异形体。

一、Ⅰ型钻石

含微量氮(N)，按N的存在形式进一步分为下列两类：

1. Ⅰa 型

大部天然钻石属于此类型，其内部 N 以原子对或 N_3 中心的方式出现。N_3 中心越多，钻石越黄，Ⅰa 型钻石多呈蓝色荧光（图 4－2）。

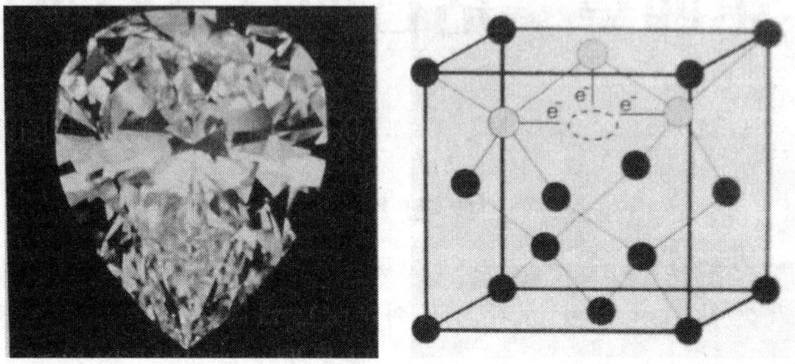

图 4－2　Ⅰa 型钻石及晶体结构图

2. Ⅰb 型

绝大部分合成钻石属于该类型。其内部 N 以单原子形式出现，在自然界中此类型钻石少见，这种类型的钻石颜色为黄、黄绿和褐色（图 4－3）。Ⅰb 型钻石多呈桔黄或黄色荧光。

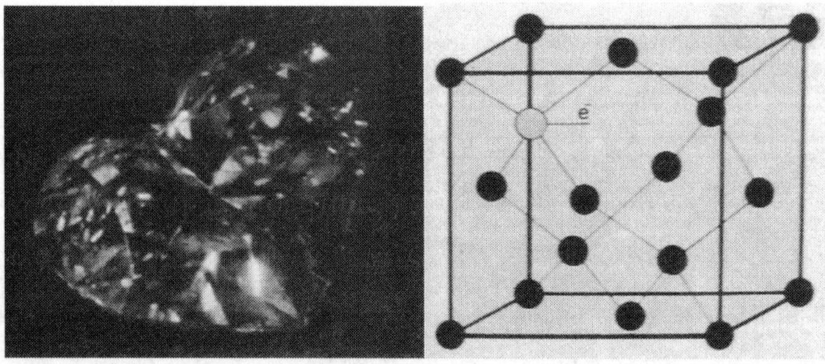

图 4－3　Ⅰb 型钻石及晶体结构图

二、Ⅱ型钻石

Ⅱ型钻石是含极微量的氮（N）的钻石，但可能含微量的硼（B）。这种类型的钻石导热性很好，在自然界也少见。可依据含硼（B）的多少进一步分为下列两类。

1. Ⅱa 型

不含硼（B），不导电，具最高的导热率，室温下导热率是铜的 6.5 倍。Ⅱa 型钻石在长波紫外光下多呈惰性或黄绿色荧光（图 4－4）。

心得体会

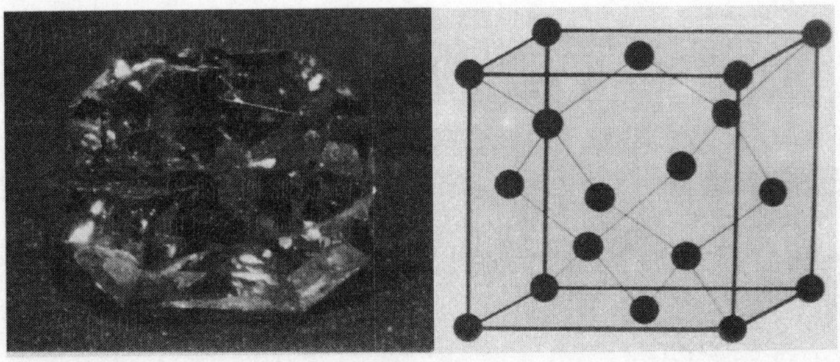

图 4-4 Ⅱa 型钻石及晶体结构图

2. Ⅱb 型

含微量 B,电的半导体,颜色多为蓝色。Ⅱb 型钻石在长波紫外光下多呈惰性,在短波下多呈蓝色或红色荧光(图 4-5)。

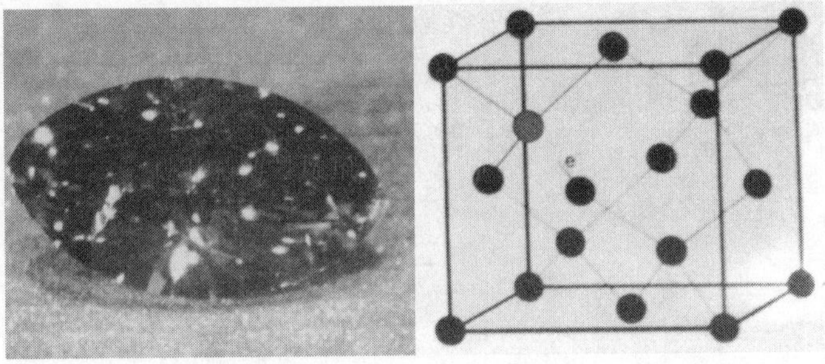

图 4-5 Ⅱb 型钻石及晶体结构图

练一练

你能填出下表吗?

项目	Ⅰ型钻石		Ⅱ型钻石	
	Ⅰa 型	Ⅰb 型	Ⅱa 型	Ⅱb 型
成分				
颜色特征				
导电性				
导热性				
紫外荧光特征				

第二节　钻石的结晶学特征

一、钻石晶体结构

纯净钻石可看作是完全由碳元素组成的矿物。钻石晶体结构中的碳原子是以共价键相连接。

基本概念

共价键：是化学键的一种，两个或多个原子共同使用它们的外层电子(电子云重叠)，在理想情况下组成比较稳定和坚固的化学结构叫做共价键。

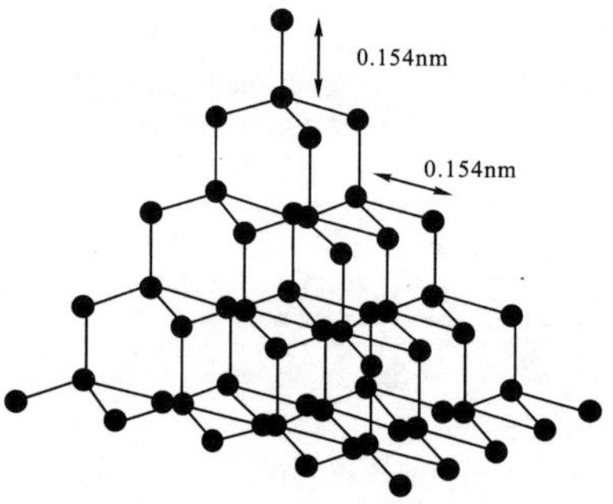

图 4－6　钻石晶体结构图

在钻石晶体结构中，每个碳原子同其他 4 个碳原子以 0.154nm 间距相连，形成 4 个共价单键，构成一个正四面体组合(图 4－6)。由于这种结构，决定了它具有高硬度、高熔点、不导电、化学性质稳定等特征。

二、钻石晶体的对称性

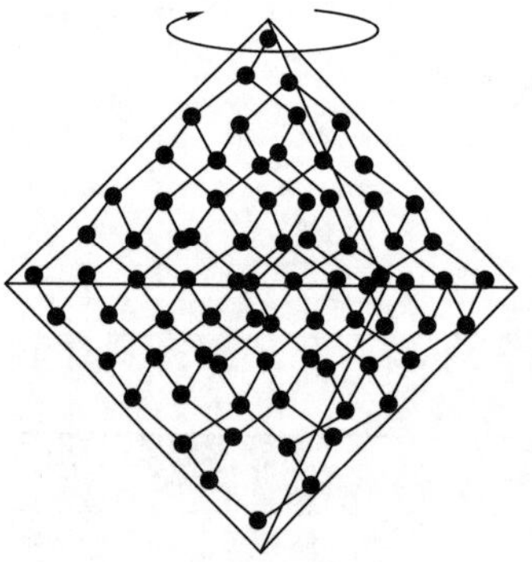

图 4－7　钻石晶体结构转动模块

转动钻石晶体结构模型可看到一个结构类似“正方体”的模块，在这个结构中所有的键都以直角相交(图 4－7)。环绕视线保持相互间直角的方向转动模型一圈，结构上有四次重复的，这个方向就是钻石结构中四次对称轴方向。在钻石结构中共有 3 个这样的方向即钻石由 3 个四次对称轴(L^4)，通过直视八面体的一个三角形的方向，可找到 4 个三次对称轴(L^3)，还有 6 个不同方向的二次轴(L^2)、9 个对称面(P)和一个对称中心(C)。所以钻石的晶体结构的最高对称型是 $3L^4 4L^3 6L^2 9PC$。

练一练

写出下列等轴晶系模块的最高对称形。

心得体会

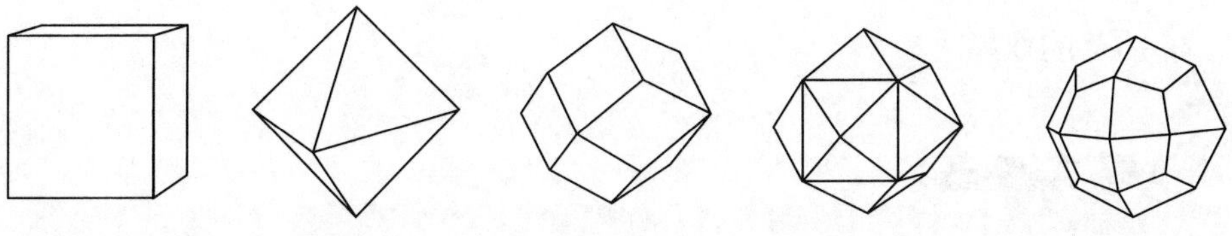

三、钻石晶体形态特征

1. 钻石的单晶形态

晶体形态可分为两种类型：单形和聚形。

基本概念

单形：由同种晶面（即性质相同的晶面，在理想的情况下，这些晶面应该是同形等大的）组成的晶体形态。

聚形：指由两种以上的晶面组成的晶体形态，聚形是由单形聚合而成。

钻石属于等轴晶系，等轴晶系的常见晶形有立方体、八面体、菱形十二面体，四六面体、四角三八面体等。

钻石常见的七种单形：

八面体、菱形十二面体、立方体、三角八面体、三角六八面体、三角四六面体和四角三八面体。其中最常见的单形是立方体、八面体和菱形十二面体。

钻石常见聚形：

八面体、菱形十二面体和立方体每两种单形产生的聚形或三种相聚产生的聚形。

练一练

请说出钻石有哪些主要单形。

主要单形：

2. 钻石的双晶

基本概念

双晶：是两个以上的晶体按一定的对称规律形成的规则连生。

钻石常出现接触双晶类型，接触双晶是指双晶个体以简单的平面接触而连生在一起。钻石常见双晶有三角薄片双晶、菱形十二面体双晶和八面体双晶。

3. 平行连生和多重生长

基本概念

平行连生：当一个晶体通过生长产生了由两个或两个以上的晶体沿同一方向长到一起的外观且晶面相互平行，称为平行连生，它不属于双晶（图 4－8）。

多重生长：指一个晶体是由两个或多个晶体以互不相同的角度相互穿插而不是平行地生长到一起所产生的晶形，它也不属于双晶。在钻石中常出现这样的晶形（图 4－9）。

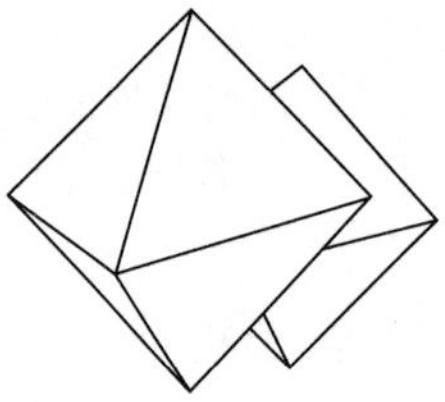

图 4－8　平行连生

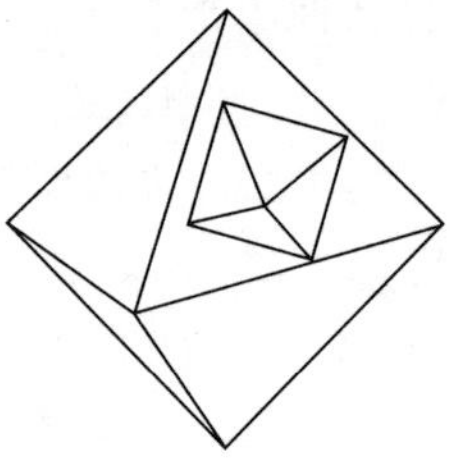

图 4－9　多重生长

四、表面特征

表面纹理也称生长纹理，有时在八面体的面上出现的纹理延伸穿过钻石，甚至在成品钻中也可看到，它提供了八面体生长的证据，也称为内部纹理。

基本概念

三角凹痕：很多天然钻石八面体的面具有小的溶蚀钻石表面的三角形标志，这些标志称为三角凹痕（三角座）（图 4－10）。

三角凹痕是等边三角形的坑，其大小变化很大，有时相互叠覆。通常这些三角形蚀坑的角顶指向八面体的棱，并且三角凹痕一般不会与八面体面棱排列一致。

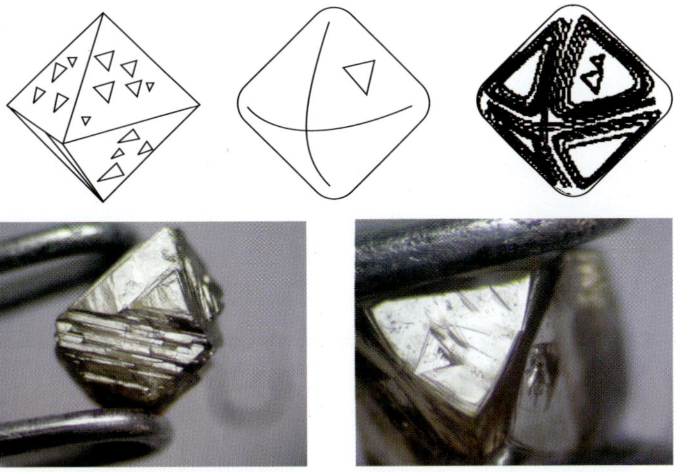

图 4-10 钻石原石表面的三角凹痕

第三节 钻石的基本性质

由于钻石内部碳原子与碳原子间以共价键相联结，其结合十分牢固，导致钻石具高硬度、高熔点、高绝缘性和强化学稳定性等特征。

一、光学特征

1. 颜色

常为无色、黄、棕、褐、黑等；少量为红、粉红、绿、蓝等色。根据颜色可以将钻石分为两大系列：无色—浅黄色系列（或开普系列）和彩色系列。

2. 光泽

金刚光泽。

3. 透明度

透明—不透明，多为透明。

4. 光性

均质体，因此在偏光镜下为全消光，但钻石因受构造作用影响而发生晶格变形，因而常具有异常消光或异常干涉色。

5. 折射率

2.417～2.419；无双折射。

6. 色散

0.044，正是因为钻石具有较高的色散，切工完美的钻石可以表现出很强的色散。

你知道吗?

何谓色散?

白光是由红、橙、黄、绿、蓝、靛、紫等各种色光组成的叫做复色光。红、橙、黄、绿等色光叫做单色光。

色散:复色光分解为单色光而形成光谱的现象叫做光的色散。

牛顿在1672年最先利用三棱镜观察到光的色散,把白光分解为彩色光带(光谱)。色散现象说明光在媒质中的随光的频率而变。光的色散可以用三棱镜、衍射光栅、干涉仪等来实现(图4-11)。

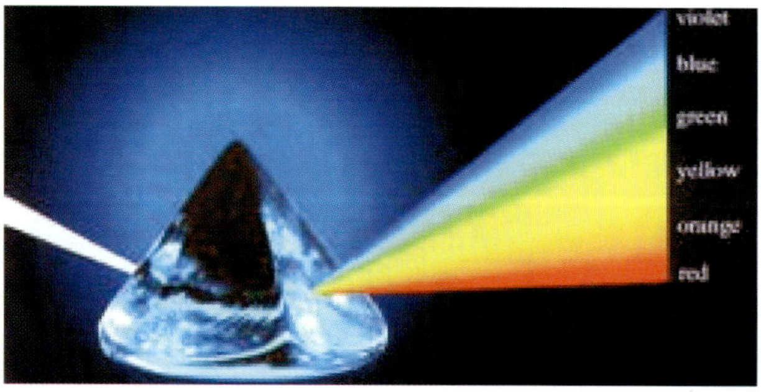

图4-11　用钻石产生光的色散

7. 多色性

无。

8. 吸收光谱

黄色系列钻石在紫区415nm处有一强吸收线,淡褐色到淡绿色钻石在绿区504nm处有一窄带,在绿和蓝绿区有两个弱带,415nm线也可出现。钻石(无色)的吸收光谱用光栅式分光镜观察(图4-12)。

图4-12　使用光栅式分光镜观察钻石(无色)的吸收光谱

9. 荧光

不同钻石所发荧光的强度和色调是不同的。

将钻石置于日光下暴晒后,会发出淡青蓝色的磷光;在X-ray下大多数发天蓝

心得体会

色或浅蓝色的荧光，极少数不发荧光，在阴极射线下发蓝色或绿色光。

营销知识储备

不同钻石的荧光在颜色、强弱上都有较明显的差别，所以成包的钻石或群镶的钻石在初步鉴定时，最简单的一种方法，就是把这些钻石在紫外灯的照射下，如果每粒钻石的荧光强弱、颜色各不相同，那么就是真钻石，如果荧光颜色强弱均一，则极有可能是钻石的仿制品。

名钻赏析

"眼之光"(The Nur-ul-Ain)

重约 60ct 的 Nur-ul-Ain 意为"眼之光"(图 4-13)，是有史以来最大的玫瑰粉色椭圆形宝石，发掘自印度南部的 Golconda 钻石矿。1958 年，海瑞·温斯顿用这颗宝石为伊朗王室制作了 Nur-ul-Ain 皇冠，成为该公司历史上最重要的一次珠宝创作。

图 4-13 "眼之光"

二、力学特征

1. 解理

四个方向完全的八面体解理，解理面平行于晶体的八面体面。

2. 硬度

摩氏硬度为 10，是世界上天然物质中最硬的，绝对硬度为刚玉的 140 多倍，超过石英的 1 100 倍。

3. 韧度

钻石虽很硬，且抗压性很大，但性脆，撞击易破裂。

4. 相对密度

3.52。

你知道吗？

比钻石更硬的人工材料——氮化碳

1993 年，美国哈佛大学的科研人员，利用激光溅射技术成功研制出氮化碳薄膜。计算表明，这种新型超硬材料的体积弹性模量达到了 483GPa($1GPa=10^9Pa$)，比金刚石要高出一大截(金刚石的体积弹性模量为 435GPa)。

氮化碳具有许多奇异的特性。以共价键结合的氮化碳，由于结构键的长度比金刚石短，所以，促使它的硬度增强而超过金刚石。在组成比例中，氮元素的要占到 57%左右，其化学稳定性要高于金刚石。同时，还具有很强的耐氧化能力。

由于它的热导性能好，可以在制作特大规模集成电路中发挥特殊作用，促进微电子技术和计算机技术的发展。氮化碳还可以用于开发各种新型的高热导率器件，在激光技术的发展中也将起到十分重要的作用。

特别提示

同一颗钻石的不同方向其硬度存在差异，这是钻石能够切磨钻石的根本原因所在。

三、其他物理特征

1. 热学性质

钻石的热膨胀性非常低，因此，温度的突然变化对钻石的影响极小。纯净钻石真空加热至1 800℃而后快速冷却，不会给钻石带来任何损害。但在氧气中加热，则只需达到较低的温度(650℃)，便缓慢燃烧变为CO_2气体。

钻石的热传导率在非金属矿物中热导率是最高的，利用这一特殊性质制成的热导仪成为钻石检测中最快捷有效的工具。

你知道吗?

钻石的激光打孔和研磨抛光均是利用钻石的热学性质。

2. 电学性质

除少数罕见的天然蓝色钻石(Ⅱb型)为半导体外，钻石一般是绝缘体。钻石越纯净，其电绝缘性就越好。

3. 表面亲油性

钻石表面不能被水湿润，但具备特殊的亲油性。这一特性常被用于钻石的鉴定和选矿中。

第四节　钻石及仿制品的鉴别

随着科学技术的发展，越来越多的钻石仿制品进入钻石市场，有些与天然钻石极为相似，甚至可以达到鱼目混珠的地步，一般的消费者甚至钻石业者和鉴定师有时都感到困惑，为了正确地鉴赏钻石，必须要准确地掌握下列问题：

(1)待测宝石是否为钻石?

(2)若为钻石，它是天然的还是人工合成的?

(3)若为天然钻石，有无经过人工优化或处理?

练一练

请按照下列流程图鉴别钻石与仿制品。

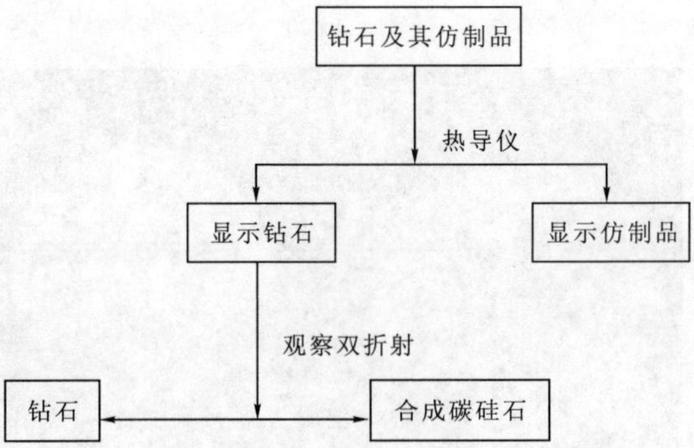

钻石与仿制品的鉴别流程图

一、钻石及其仿制品的鉴别

天然宝石和人造材料均可用来仿制钻石，但能用来作钻石仿制品的天然宝石相对较少，主要有锆石、蓝宝石、黄玉和水晶等；人造材料却较多，有玻璃、合成蓝宝石、合成尖晶石、合成金红石、人造钛酸锶、人造钇铝榴石、人造钆镓榴石、合成立方氧化锆(CZ)和合成碳硅石等(图 4 - 14)。其中，有些人造材料的物理性质和外观与钻石极相似，因此具有很大的欺骗性。

合成立方氧化锆

合成碳硅石（莫桑石）

4 - 14　仿钻品种

知识链接

合成碳硅石(莫桑石)

其化学成分为 SiC(碳化硅)，1894 年一位法国科学家亨利、莫桑博士（Dr.

Henri Moissan）首次发现在陨石碎片中存在着一种碳硅完美结合的物质，非常明亮，故开始研发。

1997 年，美国 C3 公司（察尔斯科瓦公司（Charles & Colvard））独家生产，结合尖端科技与专利技术，将此晶莹剔透的高科技，呈现出比钻石更明亮的光泽与更灿烂的色散（图 4－15），目前在全球引起消费大众的广泛关注。

图 4－15　左边为天然，右边为合成碳化硅

合成碳硅石常见颜色是微黄色，摩氏硬度 9.25，相对密度 3.127，具双折射率，折射率 2.648～2.691，双折射率是 0.043（因双折射，所呈现的七彩色散超越钻石 2.5 倍），优于任何一种替代品，更重要的是：合成碳硅石导热性极佳，对热导仪的测试反应与天然钻石一样，目前有一种专门用来鉴别合成碳硅石的仪器，是依据合成碳硅石在近紫外光具有不同的性质研发的。

由于上述仿制品的物理特性与钻石相差较大（表 4－1），只要通过各种办法测得其物理特性，就容易将它们区分开来。

表 4－1　钻石及其仿制品的鉴定特征表

观察内容	钻　石	仿制品
切工特征	①棱角尖锐，刻面为光学平面，很少有破损，划痕 ②相邻刻面抛光痕方向不一致	棱角钝化，刻面不平整，几乎都有不同程度的破损，划伤
内部特征	①具初始解理 ②具钻石特有的包裹体，如石墨、云雾、生长纹、双晶纹等矿物包体	①贝壳状断口 ②仿制品独有的特征包体，如气泡、籽晶片、弧形生长纹等 ③棱线重影（合成碳化硅）
光泽	金刚光泽	玻璃光泽
色散	中等色散，色散柔和	强色散、刺眼感觉

三、常见仿钻的宝玉石品种

表 4－2 为常见仿钻的宝玉石品种。

表 4－2　常见仿钻的宝玉石品种一览表

	名称	硬度	相对密度	折射率	双折射率	色散	商业代号及英文名称
钻石		10	3.52	2.417	均质体	0.044	Diamond
人工宝石	合成碳硅石	9.25	3.22±	2.648～2.691	0.043	0.104	Synthetic moissanite
	合成立方氧化锆	8.5	5.8±	2.15±	均质体	0.060	CZ(Synthetic cubic zirconia)
	人造钇铝榴石	8	4.50～4.60	1.833±	均质体	0.028	YAG
	铅玻璃	5	3.74	1.62±	均质体	0.031	Flint glass
	合成金红石	6～7	4.26±	2.616～2.903	0.287	0.330	Synthetic rutile
	人造钆镓榴石	6～7	7.05±	1.97±	均质体	0.045	GGG
	人造铌酸锂	5.5	4.64±	2.21～2.30	0.090	0.130	Lithium niobate
	人造钛酸锶	5～6	5.13±	2.409±	均质体	0.190	Strontium titanate
	合成尖晶石	8	3.52～3.66	1.728±	均质体	0.020	Synthetic spinel
天然宝石	水晶	7	2.66±	1.544～1.553	0.009	0.013	Quartz
	锆石(无色透明)	7～7.5	3.90～4.73	1.92～1.98	0.06	0.039	Zircon
	蓝宝石(无色透明)	9	4.00±	1.766～1.770	0.004	0.018	Sapphire
	托帕石	8	3.53±	1.619～1.627	0.008～0.010	0.014	Topaz
	白钨矿(无色透明)	4.5～5	5.8～6.2	1.920～1.937	0.017	0.026	Scheelite
	闪锌矿	3～4.5	3.90～4.20	2.37	均质体	0.156	Sphalerite

营销知识储备

“钻石恒久远，一颗永流传”

这是 1953 年，戴比尔斯(De Beers)公司钻石推广用语，原文是 The Diamond is Forever，中文翻译为“钻石恒久远，一颗永流传”。1993 年，DTC(Diamond Trading Company)带着这句广告语成功进入中国，并历经超过五年的时间使中国消费者开始广泛接受钻石文化，钻石消费也逐渐成为中国人结婚时的习惯之一。

四、钻石与仿制品的简易识别

1. 透视效应

在白纸上划一条直线，将圆钻型切工的钻石台面朝下放置于直线上，从亭部观察。若是钻石仿制品则可以观察到下面的直线，若是钻石则观察不到直线（图 4 - 16）。其原因是完美的钻石切工使光线达到了全内反射。

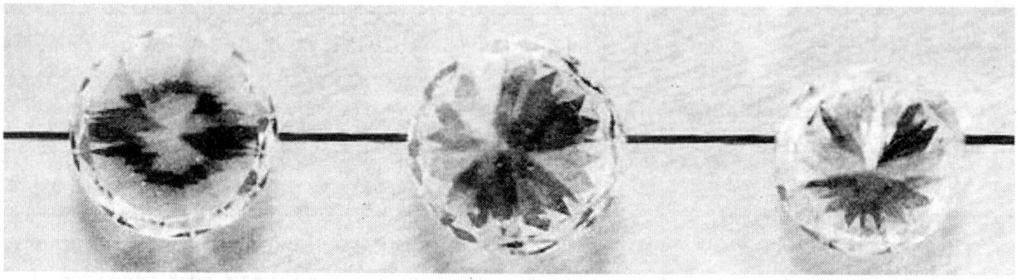

（a）合成立方氧化锆　　（b）钻石　　（c）合成碳硅石

图 4 - 16　线条透视效应

练一练

请区分下面哪一粒为钻石？

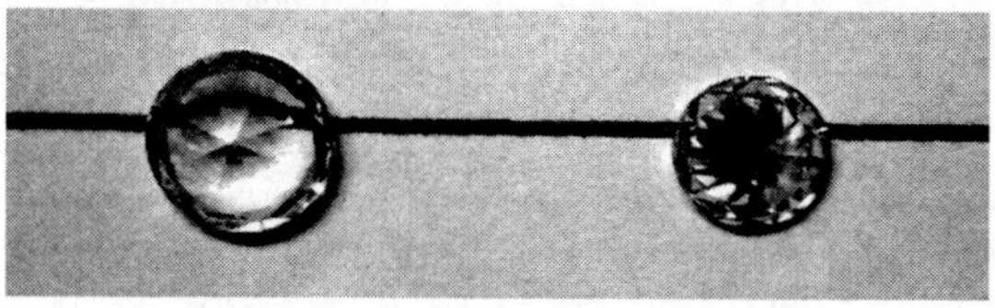

2. 估算质量

通过钻石卡尺测量出标准圆钻型钻石的腰围平均直径（D）、全深（高）（H），利用公式计算待测样品的大约质量（W），再根据实际称得质量与计算出的质量比较，可以大致判断是否为钻石：如果差别较大，则待测样品为仿钻，若结果相近，则极有可能为真钻。

公式：$W = D^2 * H * 0.006\,1$

表 4 - 3 为同规格的钻石、合成立方氧化铬和合成碳硅石对应的理论质量。

表 4 - 3　同规格的钻石、合成立方氧化铬和合成碳硅石对应的理论质量

	腰棱直径(mm)	全深(mm)	理论质量(ct)
钻 石	5	3	0.457
合成立方氧化锆	5	3	0.735
合成碳硅石	5	3	0.416

3. 水滴实验

由于钻石的疏水性，其台面上小水滴可明显呈球形，如图 4-17。

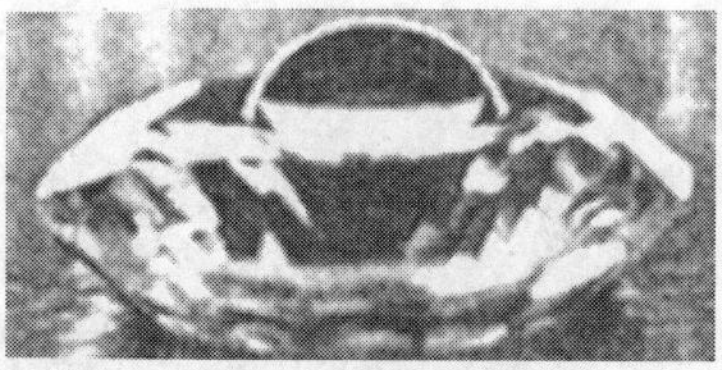

图 4-17 水滴实验

4. 亲油实验

将宝石清洗干净，用油性墨水笔在宝石台面上滑过，若是钻石则墨迹为一条连续的线，若不是钻石则墨迹为不连续的点状虚线。

练一练

自己动手按照上面的方法试一试，看看是不是这样？

5. 腰部特征

(1)"砂糖状"粗面腰

由于钻石的硬度大，在加工时大多数钻石的腰部不抛成光面，而是保留粗面，看似毛玻璃般的"砂糖状"(图 4-18)。但钻石仿制品的腰部常见大量的抛光纹。

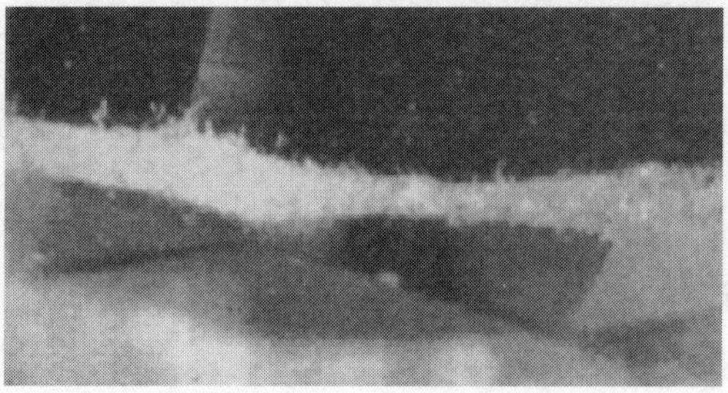

图 4-18 "砂糖状"粗面腰

(2)"须状腰"

由于钻石具有比较发育的解理，在快速打磨时，在钻石腰部边缘常出现毛茬状的微小解理纹，呈"胡须状"(图 4-19)。

(3)"三角座"

由于钻石的特殊结构，在其腰部经常见到生长时遗留下来的等边三角形生长座、三角形凹陷和台阶状解理(图 4-20)。

6. 刻面棱

由于钻石的硬度高，其刻面棱锋利尖锐，犹如刀刃。而钻石仿制品因硬度较低，其棱线和角顶呈圆钝状，特别是 10×放大镜下显得较为明显(图 4-21)。

练一练

自己动手按照上面的方法观察，看看是不是这样？

图 4－19　须状腰

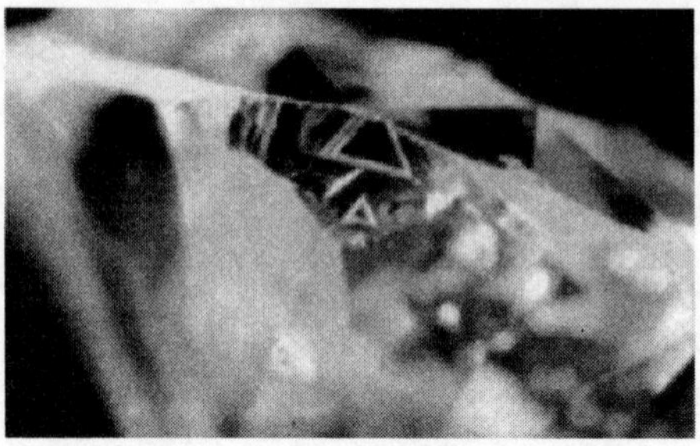

图 4－20　钻石表面三角度

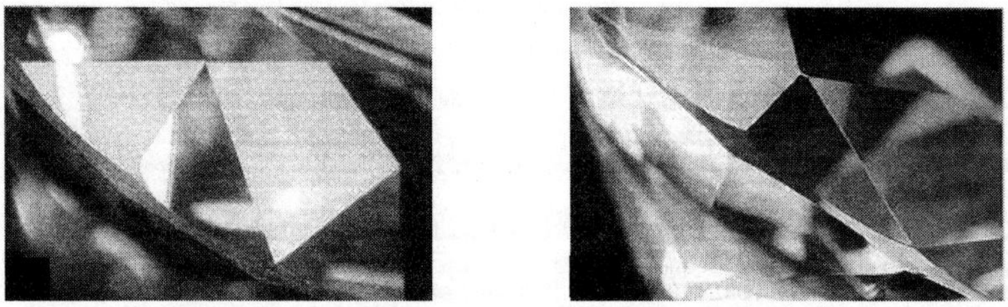

（a）钻石刻面棱锋利尖锐　　（b）仿钻棱线和角顶呈圆钝状

图 4－21　钻石与仿钻的刻面棱

7. 重影线

钻石是均质体宝石，不可能出现刻面棱重影现象。而一些双折射的钻石仿制品则可以见到底部刻面棱重影现象（图 4－22）。

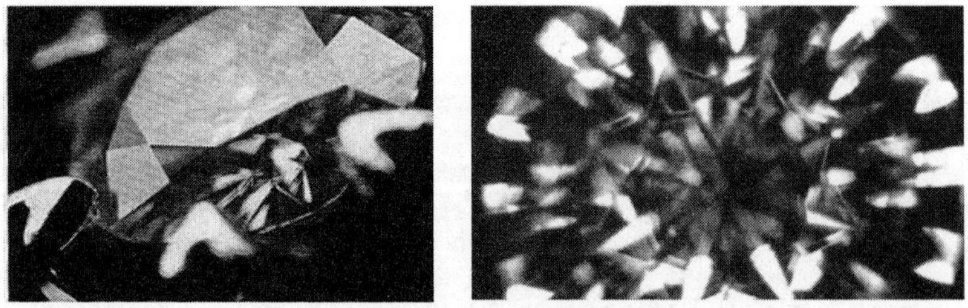

图 4－22　合成碳硅石后刻面重影

练一练

自己动手按照上面的方法试一试，看看是不是这样？

8. 导热性试验

在钻石和其他仿制品上同时呼一口气，若是钻石则其表面凝聚的水雾应比其

心得体会

他物品上的水雾蒸发得快，这是因为钻石具有高导热性的原因。

练一练

自己动手按照上面的方法试一试，看看是不是这样？

五、合成钻石的鉴别

合成钻石不是钻石的仿制品，它的物理性质、化学性质和晶体结构与天然钻石一样，但合成钻石在晶体形状、包裹体特征、发光性、吸收光谱和磁性等方面与天然钻石存在某些差异，这些差异为我们鉴别提供重要证据，两者区别如下（表 4－4）。

表 4－4　天然钻石与合成钻石区别表

特征	天然钻石	合成钻石
晶体形态	常见八面体，极少出现立方八面体；晶面常为粗糙弯曲的表面，圆钝的晶棱	以立方八面体为主，晶面平直光滑，具锐利的晶棱，某些晶体可见籽晶
包裹体	天然晶体矿物包体，不含金属包体	金属包体常见
生长纹	较平直	“停车标志”或“砂漏状”的生长纹
紫外光	多数为蓝白色，长波发光强于短波	黄绿色，短波较强，不均匀，持久的磷光
磁性	不会被磁铁吸引	有些含有金属包体而被磁铁吸收
吸收光谱	多数开普系列钻石可见 415nm 吸收线	无 415nm 处吸收线
异常双折射	复杂，不规则带状、斑块状的十字形	较简单，十字形交叉的亮带
色带	大多数较均匀	颜色分布不均匀，有时呈斑块状

你知道吗？

热导仪的使用方法

一般的钻石热导仪都为探笔式的构造，在仪器上，有一排 12 个长方形的发光二极管（图 4－23），使用时，接通电源通过加热预热几分钟，在刻有“READY”的窗口亮起红灯，表示探针已烧热，可以开始测定。将探针垂直地与被检测样品接触，此时，剩余的二极管将可能逐个发亮，若发亮的二极管总数为 9 个或者超过 9 个时，同时仪器发出“滴、滴、滴”断续地叫声，表示所测样品为钻石；如果发亮的二

图 4－23　热导仪

极管低于 9 个，仪器不发出声音，则所测样品为钻石仿制品。

知识链接

合成宝石级钻石的方法

目前，合成宝石级钻石主要采用压带装置和分裂球装置。

原料：通常选用天然或合成的钻石粉，石墨及石墨与钻石的混合物作为碳源。金属触媒：一般用的是铁镍合金。

原料在高温高压下溶解于铁镍触媒中，当温度降低或压力舱内存在温度梯度，溶解于触媒中的碳达到过饱和，并在种晶上以钻石的形式结晶出来。如此不断生长形成较大的钻石单晶体。

压带(Belt)装置(图 4－24)：这种装置是美国通用电气公司发明的。通常采用两面顶压机加压，电流通过叶蜡石炉内的碳管电阻加热。所用原料为合成或天然钻砂，一炉只能生长两颗钻石。合成宝石级钻石所用的压力为 $5.5\times10^9\sim6\times10^9$ Pa，温度为 1 650℃。圆筒中间温度较高(1 650℃)，两端较低(1 550℃)。碳在中间溶解于金属触媒中，在两端析出于籽晶上。生长一颗 1ct 的晶体需要 60 个小时。

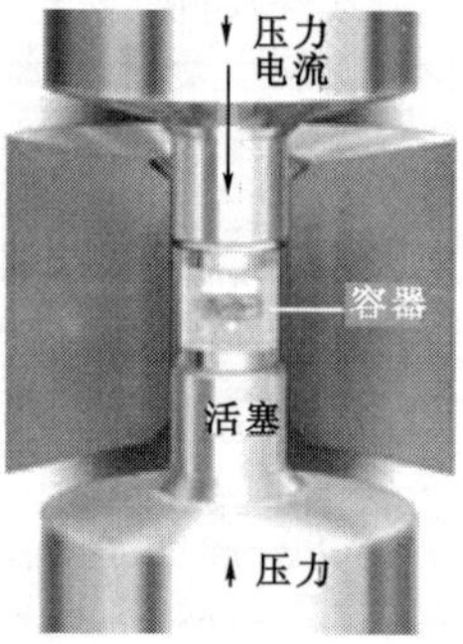

图 4－24　压带(Belt)装置

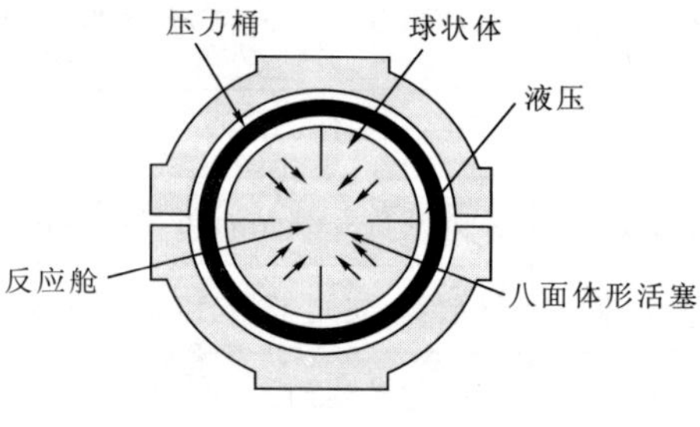

图 4－25　分裂球(BARS)装置

分裂球(BARS)装置(图 4－25)：1990 年由俄罗斯人发明的，目前市场上的宝石级合成钻石基本都是这种方法合成的。该装置由 2 个半球、8 瓣组成，合成需要的压力由液体注入压力桶获得。高压使 8 个球截体合拢，从而对构成八面体形状的 6 个活塞产生压力。中间是一个小的生长仓，一次只能长 1 个晶体。合成温度和压力条件基本同压带装置的条件。1ct 的晶体需要长 3 天。

六、钻石的优化处理品

钻石是较贵重的宝石，尤其是净度好、色级高、质量大的钻石价值昂贵，因此优化处理钻石开始不断涌入市场。

销售商在销售处理钻石时必须向顾客公开说明处理的情况，否则，就是欺骗行为。但市场上的实际情况并非如此，因而为顾客鉴别处理钻石也是钻石营销人员的一项重要的任务。

处理钻石常见的方法有：拼合、玻璃充填、激光钻孔、辐射和热处理、涂层和镀层等，其中玻璃充填和激光钻孔是为了提高钻石的净度，而辐射、热处理、涂层和镀层是为了改变钻石的颜色，拼合是为了提高钻石的质量。涂层和镀层处理是较古老的处理方法，现在已并不常见。

1. 钻石拼合石

钻石拼合石常见有二层石和三层石两种情况，基于拼合材料又有多种可能：第一种是拼合的各部分均是其他相似材料，其中并无钻石；第二种是管部为真钻，其余各部分是仿制材料；第三种情况是拼合的各部分均是真钻石，只是将几颗质量小的钻石拼合成一颗质量大的钻石。

不管是哪种情况，拼合石的鉴别都不困难。从侧面看，一般都能看到拼合缝，从冠部或亭部在透射光下可看到拼合面上的气泡等，其他物理特征也可能存在较大差别。

知识链接

目前的拼合钻石的四种方法

(1)无色合成蓝宝石＋人造钛酸锶。利用合成蓝宝石的高硬度和钛酸锶的强火彩结合起来，达到仿钻石的效果。

(2)钻石＋合成无色蓝宝石或水晶，它利用了冠部薄层钻石的金刚光泽和高硬度。

(3)小钻石＋小钻石，将二者拼合成一个整体。

(4)将薄钻石直接镶嵌到金属上。

2. 玻璃充填钻石

1982 年，以色列的 Zvi Yehuda 首先发明用熔化的玻璃充填钻石裂隙以提高钻石的净度的方法；1993 年开始制造并向市场抛售玻璃充填的钻石；充填的过程是在真空中将具高折射率的铅玻璃状物质注入钻石中延伸到表面的裂隙内，这样可以在一定的程度上掩盖了钻石内部的裂隙(图 4－26)。

图 4－26 充填钻石的闪光

玻璃充填钻石在显微镜下观察时，转动钻石，当背景变亮时，充填裂隙部位显现由橙色变为蓝色，或紫红色变成黄绿色的特殊闪光效应，还可见流动构造和扁平状气泡。

3. 激光处理钻石

在钻石上用激光打一个微小的孔洞，直通包裹体，使其在激光束作用下气化掉，或用强酸溶蚀掉，之后用玻璃注入充填孔洞(图 4－27)。激光钻孔的直径很小，一般为小于 0.02mm，深度是变化的。激光处理主要是为了消除钻石内的包裹

心得体会

体，以此提高钻石的净度。

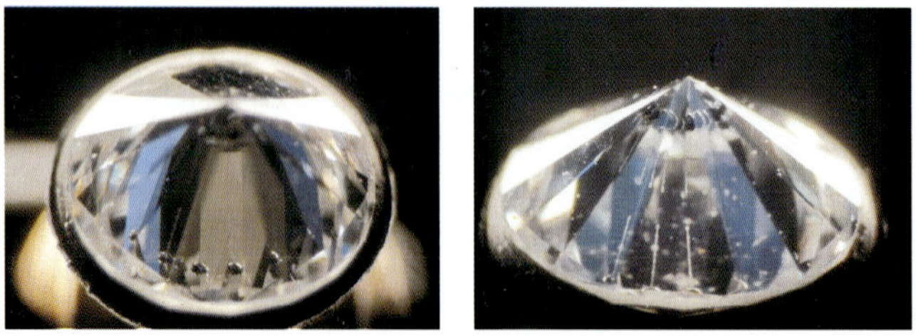

图 4－27　激光钻孔及其影像

你知道吗?

激光打孔的方法和过程

常用激光打孔的方式以减少深色的明显影响。用激光束烧出直径小于0.02mm的非常细的孔穿过到达。可用激光束烧掉或用酸去除。随后可用玻璃或环氧树脂将孔充填以防止尘埃进入。

具体过程如下：

(1)选取需处理的样品，确定暗色方位；

(2)确定离暗色最近的刻面；

(3)垂直刻面，发射脉冲激光，激光烧蚀孔到达包体后停止；

(4)加热沿激光孔扩充裂隙，使裂隙到达表面；

(5)将放入 HF、H_2SO_4 或 HCl 中煮沸，包体被溶蚀；

(6)将激光孔或裂隙用高折射率玻璃填充。

4. 辐照和热处理

辐照可产生色心，色心可通过加热得到改造，最常见的颜色有绿色、黄色和褐色(图 4－28)。经辐照和热处理的黄色和褐色钻石的吸收光谱在黄区(594nm)一条线，蓝绿区(504nm、497nm)处显几条线。

经镭处理的钻石可用盖革计数器或自动射线照相来检测。经回旋加速器处理的钻石显示与琢型形状和轰击方向有关的环带：

从亭部方向轰击的圆多面型钻石，透过台面观察时可见围绕底面雨伞状的环带；

从冠部方向轰击的圆多面型钻石，则可见围绕腰棱的深色环；

从侧面方向轰击的圆多面型钻石，靠近轰击源的一侧颜色较深。颜色仅分布于表层的经辐射处理的钻石在浸液中容易观察到。

经人工致色的蓝色钻石不能导电，为绝缘体。

心得体会

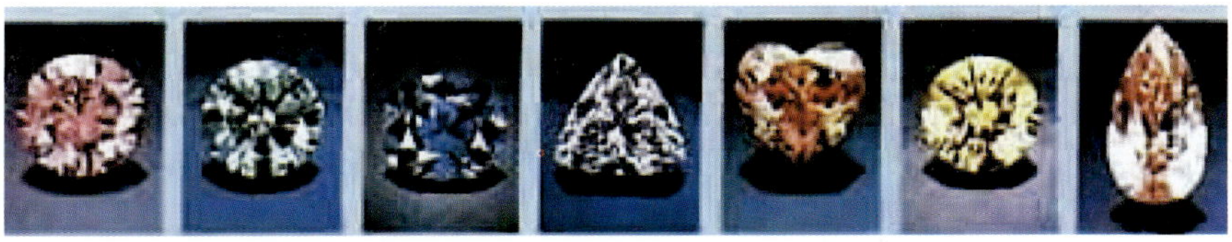

图 4-28 经过辐照改色的钻石

你知道吗？

进行辐照处理的方法有哪些？

一般来说，对进行辐照处理有镭盐处理、回旋加速器处理、中子辐照和电子辐照等几种方法。

(1)镭盐处理：通过将钻石埋于镭盐中而使钻石形成绿色。这种方法会产生长期的放射性。在珠宝界，这种镭处理致色钻石一直存在。

(2)应用回旋加速器处理：这种辐照处理方式可以使钻石产生多种颜色，包括绿色，蓝绿色和黑色。之后采用加热淬火可以产生黄色至褐色，以及不太常见的粉红色，红色或紫红色。

(3)中子辐照和电子辐照：中子辐照和电子辐照是对钻石进行辐照处理最理想的方法，同其他方法相比，其所形成的颜色较为均匀，鉴定起来更加困难，对绿色更是如此。

5. 涂层和镀层

用难擦掉的蓝色笔在略带黄色的钻石腰棱或亭部小面涂上颜色，可消除或改善钻石的黄色调。检测时仔细地擦洗可将涂色除去；有些用氟化物镀层，就类似照相机镜头镀层一样，这种镀层是抗酸的，但在反射光中显淡蓝色或淡黄色的表面"晕"。涂层的淡蓝色和钻石略带淡黄色调组合在一起，使钻石显得更白。

名钻赏析

"沙皇"钻石

"沙皇"——淡黄色的钻石，成棒槌形(图 4-29)。为了尽量减少损失，它只是经过打磨而没有切割，从 95ct 的原石中磨出了重 88.7ct 的玲珑剔透的现状，十分难得。另外，非常少见的是，这块钻石的三个刻面上都刻有图形美妙但难以理解的古波斯文，据说是三位这颗钻石拥有者的名字。从最早的一个提名来判断，它的发现日期最晚也在 591 年以前。据估计，可能产自印度。1892 年有人将它献给俄国沙皇尼古拉一世，现在存于莫斯科克里姆林宫。

图 4-29 "沙皇"钻石

七、新型钻石鉴别仪器

在鉴别天然钻石与合成和处理钻石方面，鉴定仪器也有了全新的发展(图 4 - 30)。

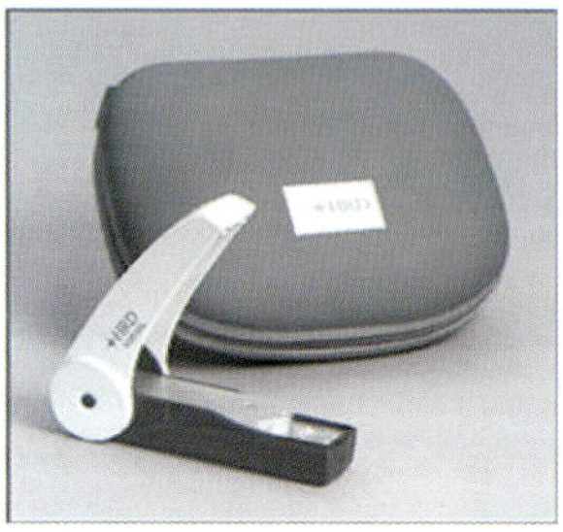

D-Screen

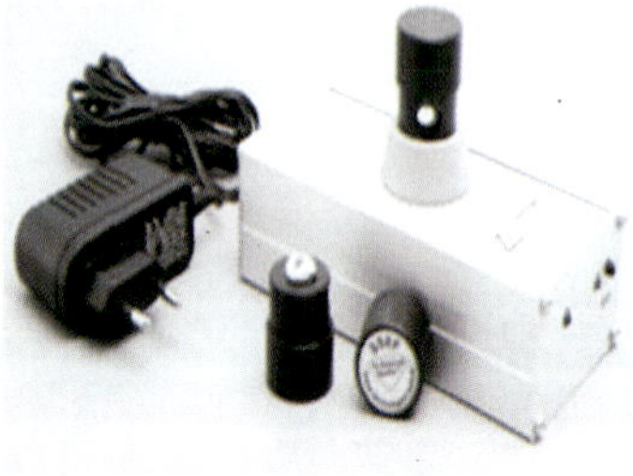

Diamond Spotter

Diamond Sure

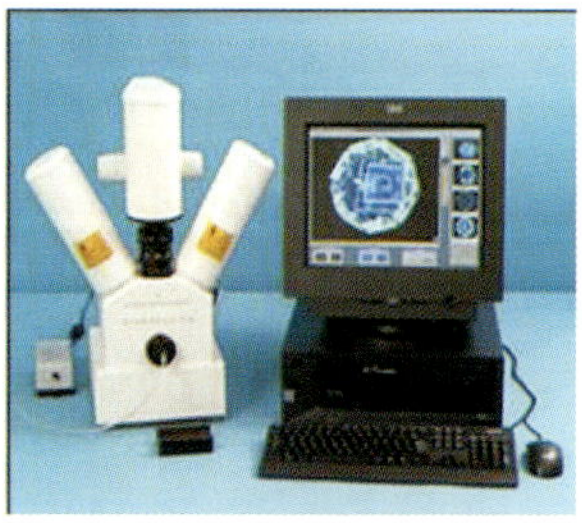

Diamond View

Diamond Plus II

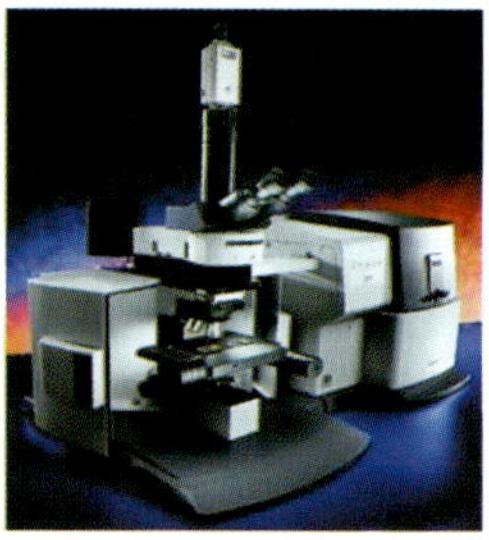

激光拉曼光谱仪

图 4 - 30　各种钻石鉴别仪器

1. D-Screen

2004 年，比利时钻石高阶层会议(HRD)发明了 D-Screen，这种仪器识别钻石的能力很强，体积很小，便于携带，易于操作，是性价比很高的钻石鉴定仪器，是第一种可以从无色—近无色的钻石(色级在 D 到 J 的范围)中把合成钻石或高温高压(HTHP)处理钻石识别出来。

D-Screen 的工作原理是不同类型的钻石透射紫外光的性能存在差别，Ⅱ型钻石透紫外光的能力大于Ⅰ型钻石。

2. Diamond Spotter

2001 年，瑞士宝石研究所的 Haenni 博士，由于受到 HTHP 处理的“GE - POL”钻石的困扰，依据Ⅰ型和Ⅱ型钻石的紫外透光性的差异，研制出全新的鉴别仪器——Diamond Spotter。

3. Diamond Sure

1998 年，戴比尔斯(D. Beers)研制出功能类似的仪器——由 GIA 英国仪器公司销售的 Diamond Sure。Diamond Sure 的工作原理是依据的大多数天然无色钻石具有 415nm 吸收线，而合成钻石、HTHP 处理的无色钻石缺失 415nm 的吸收线，从而可以快速识别天然钻石。

你知道吗?

何谓高温高压(HTHP)处理钻石?

高温高压(HTHP)处理是近年受到关注的新的优化处理方式。它是将由于塑性变形产生的结构缺陷致色的褐色钻石,放在高温高压炉中进行处理,改善或改变钻石颜色的方法。也就是说这些褐色钻石经受非常高的压力和温度,塑性形变得以修复或改变,钻石的褐色可褪成无色,也可改变为黄绿色。在全球钻石中只有不到1%的钻石适用于这种处理。

由GE公司进行这种处理并由Lazare Kaplan公司销售的钻石在腰棱处刻有"Bellataire-year-serialnumber"字样;早先的钻石上刻的是"GE-POL"。

4. Diamond View

经过Diamond Sure或者Diamond Spotter或者D-Screen挑拣出来的钻石有三种可能:合成钻石、高温高压处理钻石和天然钻石,还需要进一步的鉴定。

1994年,奥地利Polahno博士在英国宝石协会的J. Gemmology杂志上揭示了合成钻石发光图案特征,同时,Polahno博士发现HTHP方法处理的钻石其阴极发光具有所谓的"沙钟状图案",CVD方法合成的钻石则具有与众不同的橙色发光和纹理。

戴比尔斯(D. Beers)的研究人员改进了使钻石发光性的方法,研制出Diamond View,采用超短波紫外光代替电子束作为荧光的激发源,避免了抽真空的环节,更便于操作。

你知道吗?

阴极发光仪的功能

高能量的电子束激发宝石使之发光称为阴极发光(图4-31),阴极发光仪作为宝石的一种无损检测方法,近年来在宝石的测试与研究中得到了较广泛的应用。最成功的应用就是能迅速有效地区分天然和合成钻石。天然钻石多发出相对均匀的中强蓝色—灰蓝色光,并显示生长环带结构;合成钻石多发黄绿色光,并显示几

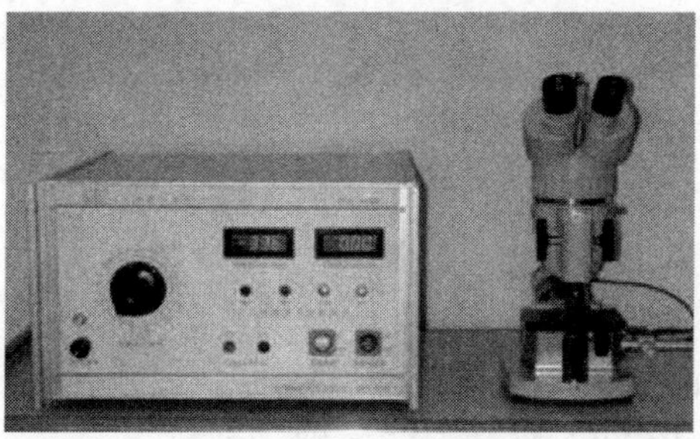

图4-31 阴极发光仪

何对称的生长分区结构。

5. Diamond Plus Ⅱ

针对高温高压(HTHP)处理的“GE-POL”钻石鉴定困难的现状。2000 年,瑞士宝石实验室研究表明:HTHP 处理的无色钻石具有 637nm 的光致发光峰,这个光谱特征需要用激光拉曼光谱仪来识别,如果对样品进行制冷,结果更可靠。2005 年,国际钻石商贸公司(DTC)研制出“Diamond Plus”仪器,专门用于检测 HTHP 处理的Ⅱ型钻石。

Diamond Plus 易于操作,便于携带,相对较便宜,可进行大量检测,但是,需要在液氮制冷的条件下工作。

特别提示

鉴别钻石还可以用其他的方法,红外光谱是非常有效和准确的方法,可以区别出Ⅰa、Ⅰb、Ⅱa 和Ⅱb 等,如果已经装备有红外光谱仪,上述设备就不是非常必要了。

营销知识储备

钻石标志着什么?(二)

3. 无限权力的标志

历代帝王将名钻视为无限权力的标志,奉为至宝,深藏宫中,世代相传。库里南钻石重 3 106ct,于 1905 年 1 月 25 日在南非德兰士瓦矿山由韦尔斯发现。1908 年 2 月 10 日开始切磨。库里南Ⅰ号命名为“非洲之星”,重 530.20ct,是迄今为止加工为成品的最大钻石,镶嵌在英国国王的权杖上,象征着至高无上的权利。

4. 艺术魅力的标志

1919 年,旅居美国的波兰数学家塔克瓦斯基,根据钻石的临界角,按全反映原理设计出具有 58 个刻面的标准圆钻石琢型,钻石才以洁白、明亮、闪烁着光彩的高雅外姿,傲居众多宝石之首,表现出神奇的艺术魅力。

5. 永恒存在的标志

金刚石是地球上存在时间最长的石头,是天长地久的石头,是永恒存在的标志。

本章练习题

1. 简述钻石的物理性质。
2. 钻石与石墨的晶体结构。
3. 说出Ⅰa、Ⅰb、Ⅱa、Ⅱb 型钻石的区别。
4. 钻石常见的晶体形态有哪些。

实习一 钻石及仿制品的鉴别

一、实习目的

(1)学会在10×放大镜下观察钻石及其仿制品的方法。

(2)要求掌握在10×放大镜区分钻石及其仿制品的特点。

二、实习工具及标本

(1)托盘、镊子、钻石布、10×放大镜、钻石灯、热导仪、紫外荧光灯、偏光镜。

(2)各种钻石标本30粒,仿钻标本10粒。

三、实习指导

(1)肉眼观察体测钻石的外观特征,包括颜色、光泽、火彩、亮度、透视效应。

(2)10×放大镜下观察钻石内部特征、内含物的特点及刻面棱双影特点。

(3)通过以上观察,确定所测宝石是钻石还是钻石仿制品。最后用热导仪和10×放大镜对所测结果进行验证。

第二部分 钻石的4C分级

第五章 钻石的颜色分级

学习目标

熟练掌握钻石颜色的分级方法和步骤。运用颜色分级方法和原理对钻石进行颜色分级，为商贸交易提供可靠的鉴定评价依据。

基本概念

钻石的颜色分级：采用比色法，在规定的环境下对钻石颜色进行等级划分。

第一节 无色透明至浅黄色钻石的分级

钻石最常见的颜色是无色透明至浅黄色（开普系列），绝大多数宝石级钻石均为这一颜色系列。钻石的无色透明在习惯上称之为“白”，在国际钻石贸易中对钻石颜色的描述大都使用这种方法。此外在许多钻石分级的专著中也采用“极白”、“优白”等词汇来描述钻石的颜色。

你知道吗？

据颜色的不同，珍贵钻石有如下品种：

（1）净水钻：一种纯净得像水一样的无色透明钻石，其中带淡蓝色调者为最佳。世界名钻主要是这种品种，如“琼克尔”等。

（2）红钻：一种粉红色到鲜红色的透明钻石，其中以“鸽血红”者为稀世珍品。如世界名钻“俄罗斯红”等，澳大利亚是其主要来源。

（3）蓝钻：一种天蓝色、蓝色、深蓝色的透明钻石，其中以深蓝色者为最佳。这种钻石与所有其他颜色的钻石不同，它具有半导体性能。因其特别罕见，故为稀世珍品。如世界名钻“希望”等，南非“首相矿山”是其主要来源。

(4)绿钻：一种淡绿色到绿色的透明钻石，其中以鲜绿色者为最佳。如世界名钻“德累斯顿绿”，津巴布韦是其主要来源。

(5)紫钻：一种淡紫色到紫色的透明钻石，其中以艳紫色者为稀世珍品，俄罗斯是其主要来源。

(6)金钻：一种金色的透明钻石，是彩色钻石中的常见品种。

(7)黑钻：黑色金刚石通常不能作为钻石，但个大乌黑而透明者也能成为珍贵钻石。

一、颜色分级的条件

1. 人员条件

颜色分级人员要求为颜色视觉正常，受过专门技能培训的专业人员，年龄在18～50岁为宜。比色时要由2～3名技术人员独立完成同一钻石的颜色分级，并取得统一的结果。

2. 环境条件

(1)颜色

工作区域要求是中性色，即白色或者灰色，除此之外最好不要有其他颜色。包括房间内桌椅、墙壁、地面、窗帘，工作人员的着装、眼镜的颜色甚至肤色都对颜色分级有影响。

想一想

请观察一下我们的实验室的颜色，是否符合上面的要求？

(2)光线

工作区域应避免除分级用标准光源以外的其他光线的照射，暗室或半暗的实验室是理想的颜色分级环境。

想一想

光源使用白炽灯可以吗？为什么？

提示：注意白炽灯光的颜色特点。

(3)其他要求

工作区域还应该干净、整洁、安静、安全，以便于钻石分级人员能够专心致志，不受干扰地开展工作。

3. 钻石颜色分级工具

(1)清洗工具包括擦钻石布，酒精、弱酸等

(2)钻石比色灯

一种人造的不含紫外线、光谱能量分布均匀、发热少、光线柔和的人造标准光源——钻石比色灯(图 5-1)来代替日光。比色灯色温要求严格。国标 GB/T16554-2003 中规定的比色灯色温应为 5 500～7 200K。

图 5-1　常见的各种钻石比色灯

知识链接

何谓色温?

色温(Color Temperature):是用来量度光或光源颜色的一种量度单位,单位用 K (Kelvin)表示,是将“理想黑体”不断加热,令它发出与光源相同色光时的温度。蓝色的色温较高,约为 8 000K 至 10 000K,被称为“冷色调”(Cold Tone);而黄色的色温则偏低,约为 2 000K 至 3 000K,被称为“暖色调”(Warm Tone)。

(3)比色板、比色槽

要求白色(白度大于 95)、无紫外荧光、无明显定向反射作用的“V”形比色槽(图 5-2)。其材质可为塑料或纸质,它可充当容器,提供白色背景,同时还可排除环境中其他光线的影响。

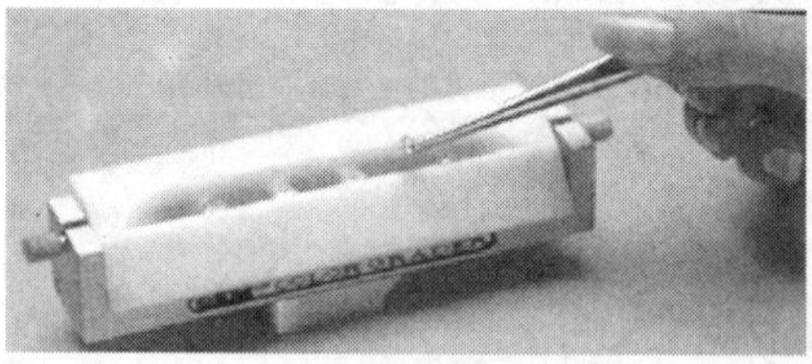

图 5-2　钻石比色槽

知识链接

何谓白度?

白度(Whiteness):指物体表面含白色的程度,以白色含量的百分率表示。其定义为可见光谱反射比为 100% 的理想表面的白度为 100%(即 100°理想白),可见光谱反射比为 0 的物体表面白度为 0%(即 0°绝对黑)。

(4)镊子

常使用中—小号的钻石专用镊子。

练一练

请多用自己的非主导手，例如：常用右手写字的人，可以使用左手持不带锁的钻石镊子，经常夹取小绿豆，多加练习，这是专业技能的要求，有利于提高专业技能并可以开发自己的大脑。

(5)放大镜

10×宝石放大镜。放大镜框架颜色最好也是中性色。

(6)天平

秤量精度为 0.000 1g 的电子天平(或克拉秤亦可)，用来记录待测样品的质量，防止与比色石混淆。

(7)比色石

一套已标定颜色级别的标准圆钻型切工钻石样品，依次代表由高至低连续的颜色级别，其级别可以溯源至钻石颜色分级比色石国家标准样品。比色石的级别代表该颜色级别的下限(图 5-3 至图 5-6)。比色石对颜色分级而言是必不可少的。

图 5-3　钻石颜色分级时比色石摆放位置

特别提示

比色石必须具备下列条件

(1)切工　标准圆钻型切工，切工比率级别在“好”范围之内，腰围类型为粗面腰。

(2)质量　每粒质量大于 0.30ct，大小均匀，同一套比色石之间的质量差异不应当大于 0.10ct。

图 5-4　国际钻石委员会(IDC)常用的 7 粒比色石

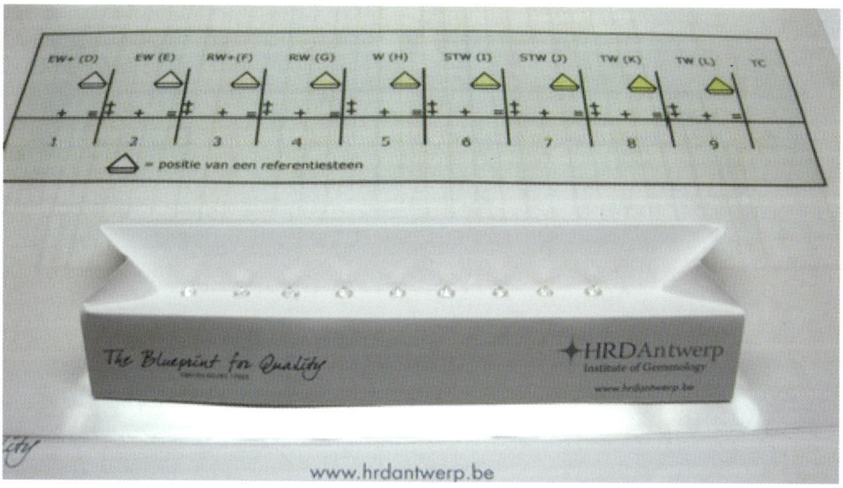

图 5-5　HRD 培训课程用 9 粒比色石

图 5-6　钻石颜色分级比色石国家标准样品(11 粒)

(3)颜色　必须进行严格的色级标定,不得带有黄色以外的其他色调。

(4)净度　净度级别应在 SI 以上,没有色带或带色的矿物包体。

(5)荧光　无紫外荧光反应。

(6)数量　美国宝石学院(GIA)的实验室里保存着一套完整的钻石比色石 D—Z共 23 粒。我国规定的颜色标准比色石(下限石),一套共 11 粒,必须包括 D、E、F、G、H、I、J、K、L、M、N 这 11 个连续色级,另外还有 3 粒荧光比色石。

心得体会

知识链接

美国宝石学院(GIA)简介

美国宝石学院一家独立的非盈利性组织,1931 年在洛杉矶成立,它创立国际钻石分级体系,在钻石分级和宝石鉴定方面为世界所信赖,以其在宝玉石知识方面的专家地位和公正而闻名于世。

美国珠宝学院地址为:The Robert Mouawad Campus
5345 Armada Drive
Carlsbad, California 92008
Tel:(800) 421 - 7250 or (760) 603 - 4000

二、我国钻石颜色级别及分级规则

表 5 - 1 为国家标准(GB/T16554 - 2010)钻石颜色级别等级表。

表 5 - 1　国家标准(GB/T16554 - 2010)钻石颜色级别等级表

钻石颜色级别		钻石颜色级别	
D	100	J	94
E	99	K	93
F	98	L	92
G	97	M	91
H	96	N	90
I	95	<N	<90

(1)D—E 级　极白,又称作“特白”、“极亮白”、“净水色”。

D 色:纯净无色、极透明,可见淡的蓝色。

E 色:纯净无色,极透明。

(2)F—G 级　优白,又称作“亮白”。

F 色:从任何角度观察均为无色透明。

G 色:1ct 以下的钻石从冠部观察看不出任何颜色色调,从亭部观察,可见似有似无的黄(褐、灰)色调。

(3)H 级　白。

1ct 以下的钻石从冠部观察看不出任何颜色色调,从亭部观察,可见似有似无的黄(褐、灰)色调。

(4)I—J 级　微黄(褐、灰)白,又称作“淡白”、“商业白”。

I 色:1ct 以下的钻石冠部观察无色,亭部观察呈微黄(褐、灰)色。

J 色：1ct 以下的钻石冠部观察近无色，亭部观察呈微黄（褐、灰）色。

（5）K—L 级　浅黄（褐、灰）白。

K 色：冠部观察呈浅黄（褐、灰）白色，亭部观察呈很浅的黄（褐、灰）白色。

L 色：冠部观察呈浅黄（褐、灰）色，亭部观察呈浅黄（褐、灰）色。

（6）M—N 级　浅黄（褐、灰）色。

M 色：冠部观察呈浅黄（褐、灰）色，亭部观察带有明显的浅黄（褐、灰）色。

N 色：从任何角度观察钻石均带有明显的浅黄（褐、灰）色。

（7）<N 级　黄（褐、灰）色。

对这一类钻石，非专业人士都可看出具有明显的黄（褐、灰）色。

特别提示

每个颜色级别代表的是一个颜色范围！

练一练

认真观察下面的图板，仔细辨别它们之间的颜色差异。

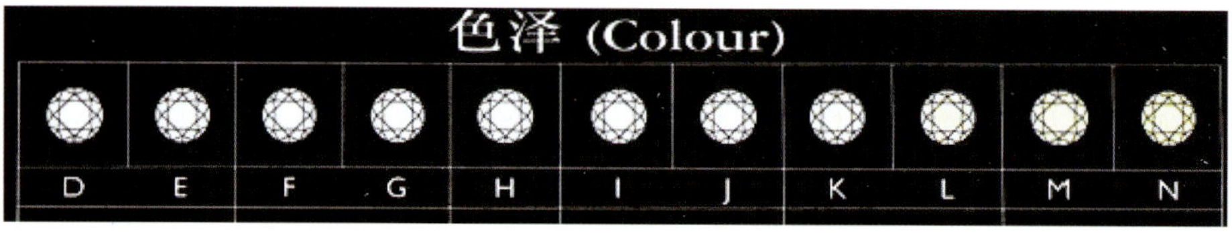

8. 比色法钻石颜色划分规则

（1）待分钻石与某一比色石颜色相同，则该比色石的颜色级别就是带分钻石的颜色级别。

（2）带分钻石颜色介于相邻两粒比色石之间，其中较低级别的比色石的颜色级别则为该钻石的颜色级别。

（3）带分钻石的颜色高于比色石的最高级别，仍用最高级别表示该粒钻石的颜色。

（4）待分级钻石低于“N”比色石，则用“<N”表示该钻石颜色级别。

三、钻石的荧光及分级

钻石的荧光强弱在长波紫外光下检查（图 5－7）。根据钻石在长波紫外光下发光强弱划分为：无—弱—中—强四级，并有标准样品进行比较和定级，由 3 粒组成，依次代表强、中、弱 3 个级别的下限（图 5－8）。

钻石的荧光等级（在 10×放大镜下比较清楚）对钻石价格影响很大，荧光越强对于越是近似无色的钻石可以产生朦胧的感觉，影响高色钻石的通透度。

自然光下的颜色

LW紫外光下的颜色

图 5－7 钻石在自然光与紫外光下的颜色对比

对于颜色低至 M 色的钻石，荧光已经基本对价格没有什么影响了，小钻石低于 20pt 的也基本不怎么影响价格，20～50pt 的对于高净度 VVS 的钻石也同样有一定的价格影响。

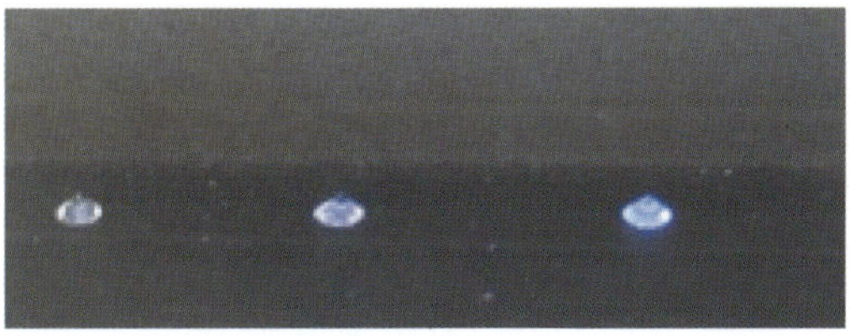
图 5－8 钻石的荧光等级(从左至右：弱、中、强)

特别提示

钻石的荧光强度及颜色会影响钻石的颜色和透明度！

四、钻石颜色分级的操作步骤

(1)工具准备
(2)清洗样品
(3)摆放比色石(11 粒)

特别提示

从左至右依次摆放 D、E、F、G、H、I、J、K、L、M、N 色级的下限比色石。

比色时的钻石位置摆放方法如图 5－9。
(4)称重待测样品

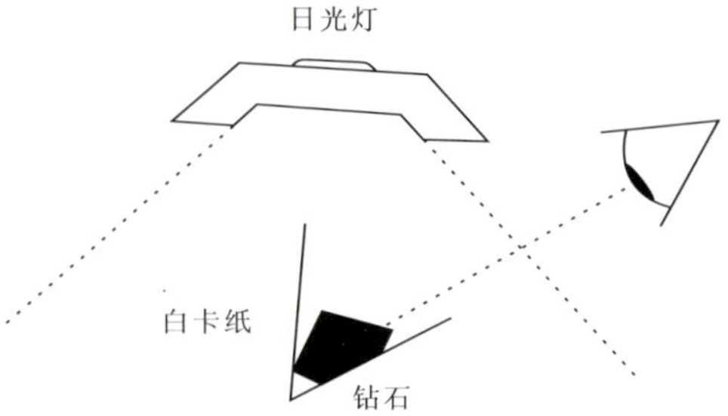

图 5－9　比色时的钻石位置摆放示意图

想一想

为什么要在比色之前先称重待测样品？

(5)比色

比色时的动作姿势如图 5－10，图 5－11。

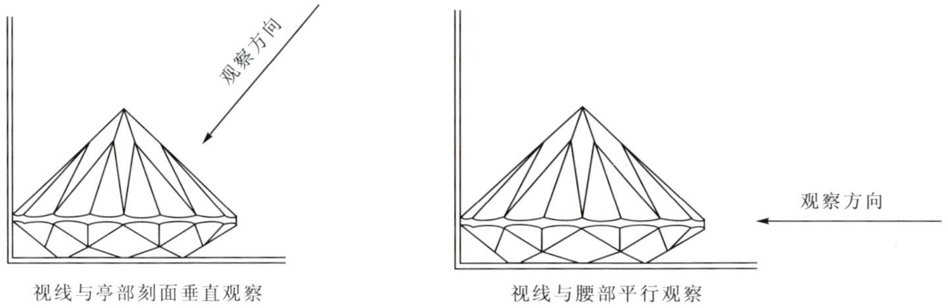

图 5－10　比色时的观察方向

图 5－11　比色时动作姿势

(6)记录待测钻石的色级

若将待测钻石放在比色石的左侧时颜色略深，放在右侧时颜色略浅，则待测钻石的色级正好与左侧比色石相同，其色级标定为左侧比色石的色级。

若待测钻石放在比色石的最左侧时颜色略浅或相同，其色级标定为该比色石的色级。

(7)检查

特别提示

比色时注意事项

(1)两钻石色级非常接近的情况；

(2)眼睛疲劳问题，比色时间不宜超过 1 小时；

(3)异型钻石的比色，比较两者相同厚度的部位；

心得体会

(4)样品与比色石大小不一的情况，比较腰棱部位；

(5)样品带有其他的色调，只比较黄色调的深浅。

你知道吗？

常用钻石比色技巧

1. 比色时

通常先观察样品，若样品颜色偏白，则放于比色石最左端；若样品颜色偏黄，则放于比色石最右端。

2. 颜色集中部位

钻石颜色常常集中于腰棱和亭部靠近底尖的位置。

3. 观察方向

视线与腰部平行，观察腰部和底尖颜色集中的部位，这也是比色时最常用的观察方向。视线与亭部刻面垂直，观察亭部中间透明区，该区颜色浅有利于消除色调及火彩和反光的影响。

4. 比色部位

两粒钻石比色时着重比较相同的部位。

5. 放大镜的应用

颜色相近时，放大条件下更有利于颜色的对比。

6. 灯光的运用

光线越强，颜色差异越明显。

7. 哈气的作用

钻石的反光很强，会影响颜色的判断，可以哈一口气在钻石表面，当钻石表面的雾气散开的瞬间，颜色最易观察。

第二节 彩色钻石

一、彩钻颜色的形成原因

钻石之所以呈现不同的颜色(图 5－12)，是因为钻石在生成的过程中含化学微量元素不同和内部晶体结构变形所致。不同彩钻的成色原因如下：

黄钻：呈浅黄、金黄色。钻石在形成过程中，当氮原子取代钻石晶体中的某些碳原子时(每一百万个碳原子中，有 100 个被取代)，开始吸收蓝、紫色光线，因而使钻石呈现黄色。

蓝钻：含有微量硼元素，呈淡蓝、艳蓝色。

红钻：呈粉红色、红色。钻石在形成过程中，晶格结构扭曲，形成色心，而使钻石呈现红色。

绿钻：呈淡绿、艳绿色。绿色钻石的形成原因，是受到自然辐射而改变晶格结

图 5 - 12　不同颜色的彩钻

构所致。

黑钻：成色原因大多由深色的内含物包裹体所致。

二、彩色钻石颜色分级及价值评定

1. 颜色分级

彩色钻石的分级取决于颜色的饱和度和纯正程度（鲜艳度），具体可以借鉴彩色宝石的分级标准，一般可以分为以下 4 个等级：

（1）弱色，颜色色调似有似无；

（2）浅色，可以看出颜色色调；

（3）彩色，达到一定饱和程度的颜色；

（4）深色，颜色色调过饱和，色调变化不大。

2. 价值评定

彩色钻石的魅力来自于独特稀有的色彩，钻石的彩色稀有性、颜色的饱和度、明度决定了彩色钻石的价值，彩色钻石的颜色越稀有，颜色等级越高，价值也就越高，颜色越浓，饱和度越高，价值也就越高。而净度、切工比例、质量等因素在评价彩色钻石时，不在首先考虑的因素之列。

你知道吗?

何种彩钻石价值最高?

彩色钻石价值以稀有的红色系列最高，蓝色与绿色系列次之，杂黑色钻石的价值最低。在多姿多彩的生活中，缤纷的彩色钻石为人们带来灿烂的好心情，为热爱生活的人们留住最精彩的永恒。

心得体会

营销知识储备

彩钻与爱情的关系

黄色钻石	梦幻之爱
粉红、红色钻石	浪漫之爱
蓝色钻石	理智之爱
绿色钻石	清澈之爱

本章练习题

1. 钻石净度分级的意义是什么？
2. 什么是比色石？有何用途？比色石的要求？
3. 掌握钻石颜色分级方法，利用比色石和目测法对钻石颜色进行分级。

实习二　无色透明至浅黄色钻石的颜色分级

一、实习目的

1. 熟悉标准比色石的颜色

比色石要达到下列要求：

(1)比色石不得带有除黄色以外的色调；

(2)比色石不得带有颜色的及肉眼可见的内含物，其净度级别应在 SI 以上；

(3)比色石琢型必须切工好的标准圆钻型；

(4)比色石要大小均一，同一套比色石的质量差异不得大于 0.10ct，比色石质量不应小于 0.30ct；

(5)比色石不得有荧光反应；

(6)比色石必须进行严格的色度标定，并位于所需求的色级界限上或某种统一的位置上。

2. 掌握利用比色石、目测无色到黄色系列(Cape 系列)钻石颜色级别

二、实习工具及环境

(1)须有标准比色分级灯源：钻石比色灯(色温 6 500 或 5 500K)。

(2)一套标准比色石。

(3)托盘、镊子、折叠白色比色槽，比色板、钻石布、酒精。

(4)中性颜色环境，白—灰—黑中性色。

(5)实习钻石标本 30 粒。

三、实习前准备工作及注意事项

(1)不可用手直接持拿钻石或比色石，在移动或摆放钻石和比色石时，须用镊子，同时也要保持镊子的清洁。

(2)待比色的钻石，在比色前要清洗，比色石也须定期清洗，并注意腰棱的清洗。

(3)待比色钻石，在比色之前要进行观察和记录，测量出钻石的大小、质量、描述内含物和其他净度特征。比色完毕后，再加以检查，以证实其为原来的样品，以免与比色石弄混。

四、实习指导及实验步骤

1. 熟悉标准比色石

(1)在拿到比色石之后，首先要知道此套为上限比色石，还是下限比色石，一般来说，GIA 体系的比色石采用上限比色石从 E 开始(图 5－13)；GIBJO 体系采用下限比色石从 EW^{+}(D)开始。我国采用的比色石既有上限石，又有下限石，使用前

需要仔细看清体系(GIA 钻石分级体系要求比色石为每一色级的上限;GIBJO 规则规定比色石为每一色级的下限)。

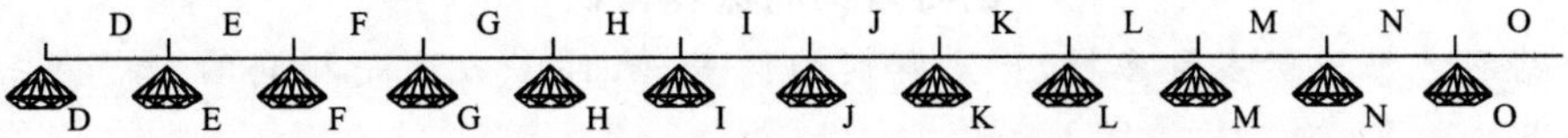

图 5-13 比色石位于色级的上限

(2)将比色石清洗干净后,将分级用白纸折成"V"形槽或用比色板把比色石按色级从高到低(从无色到带色)的顺序,从左到右,台面朝下,依次排列在"V"形槽内。比色石之间相隔 1～2cm。

(3)把排列好的比色石放到比色灯下,与比色灯管距离 10～20cm,视线平行比色石的腰棱,观察比色石,识别颜色由浅到深的变化,同时注意比色石颜色集中部位(底尖,腰棱的两侧)(图 5-14)。

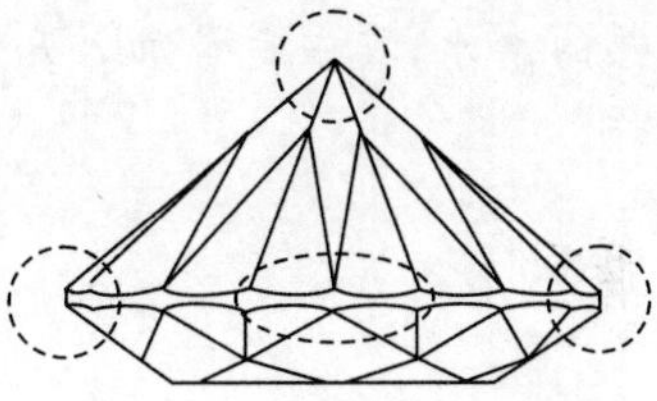

图 5-14 钻石颜色集中部位

(4)把待分级的钻石放在两颗比色石之间,如放到 E 和 F 之间,发现待测钻石比右边比色石深,则把钻石向右移动一格放到 F 和 G 之间进行比较,直到待测钻石的颜色比左边的比色石深,又比右边比色石浅为止。

(5)在白纸比色槽中观察钻石颜色时,如反光太强,可对钻石进行呵气,以消除反射光。

(6)比色时间不宜过长。

(7)对花式切工钻石应多比较几个方向,一般以斜对角方向比色较准确。

2. 无比色石时,待确定钻石级的估测

(1)将清洗好的钻石放入比色槽内;

(2)估测大致色级(表 5-2)。

表 5-2 色级特征

D、E 色级	无论从任何角度观察都没有颜色(即不带任何色调,特别白)
F、G 色级	从腰棱观察,对钻石进行呵气测试可感觉到钻石带色调,其余角度无色
H、I、J 色级	从台面观察无色,腰棱观察略带黄色,呵气测试黄色调明显
K、L 色级	从台面观察略带黄色,腰棱明显黄色
M、N……色级	从台面观察明显黄色

心得体会

小阅读

钻石首饰的保养常识

钻石首饰虽然多种多样，但对它们的保养，有许多方面是相同的，最重要的有下列几点：

(1)轻拿轻放，避免受到碰撞与摩擦。尽管钻石有很高的硬度，不易被磨损，但也要尽量避免受撞击和摩擦，以防破裂或表面失去光泽。

(2)避免受高温和酸、碱溶液接触。镶嵌在首饰上的钻石，其物理化学性质并不十分稳定，受到高温或在阳光下长时间的暴晒，容易褪色；有的与酸、碱溶液接触也会引起褪色。

(3)及时清洗保存。钻饰暂时不佩戴时，一定要及时清洗后再保存。取一碗温热的清水，其中适量加入几滴中性洗洁精，然后用棉花(或旧牙刷)蘸水轻轻擦拭钻饰。

心得体会

第六章 钻石的净度分级

学习目标

熟练掌握钻石净度的分级方法和步骤。运用净度分级方法和原理对钻石进行净度分级，为商贸交易提供可靠的鉴定评价依据。

基本概念

钻石的净度分级：指在 10× 放大条件下，对钻石内部和外部的特征进行等级划分。

一、钻石的内部特征和外部特征

钻石的净度级别是根据其内部特征和外部特征（图 6－1）的大小与明显性来确定的，也称为净度特征。

1. 内部特征

内部特征：指包含或延伸到钻石内部的天然包裹体、生长痕迹和人为造成的特征。内部特征是影响净度级别的主要因素，主要包括以下类型：各种晶体包裹体；解理；各种裂隙（羽状体）；腰棱胡须；生长纹，双晶面（线）；云雾状包裹体；深入到内部的凹坑，原始晶面和激光钻孔等。

2. 外部特征

外部特征：仅存在于钻石外表的天然生长痕迹和人为造成的特征。外部特征也是钻石净度级别评定的影响因素，但其重要性小于内部特征。外部特征的主要类型：原晶面；多余刻面；表面上的生长纹，双晶纹；粗糙或破损的面棱、底尖、腰棱；微小的划痕、抛光痕、烧痕；结节线（很难发现）。

二、内部特征和外部特征的符号和标记

1. 常见钻石内部特征标记符号表（表 **6－1**）

无色晶体包体

原始晶面

羽状纹

内部裂隙

暗色包体及影像

内部特征

须状腰（胡须）

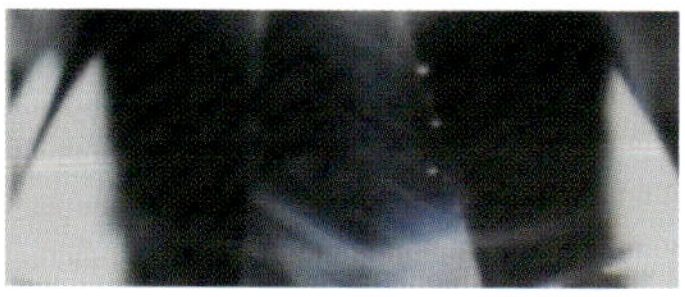
抛光痕

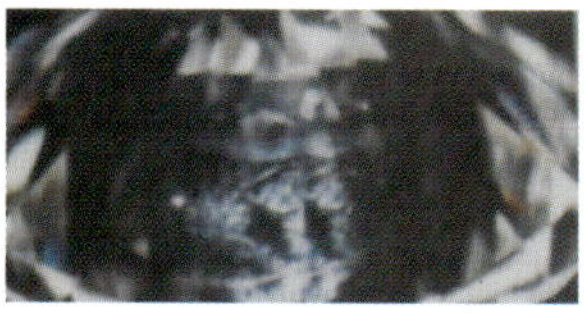
灼烧痕

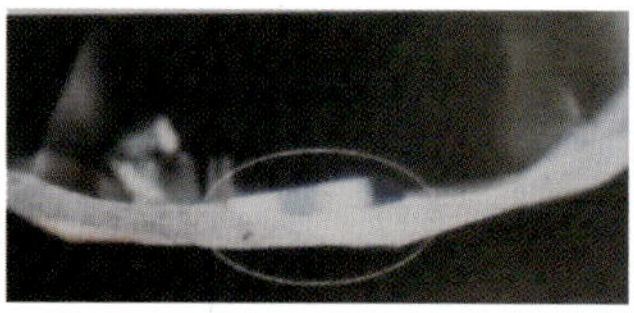
多余刻面

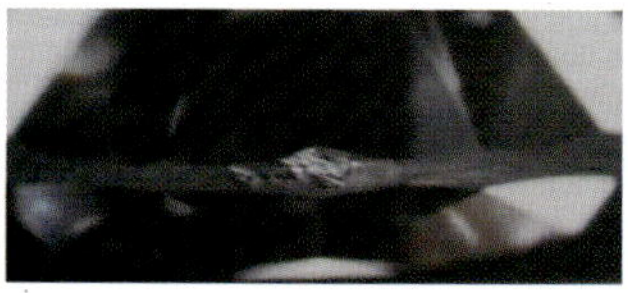
原晶面

表面生长线

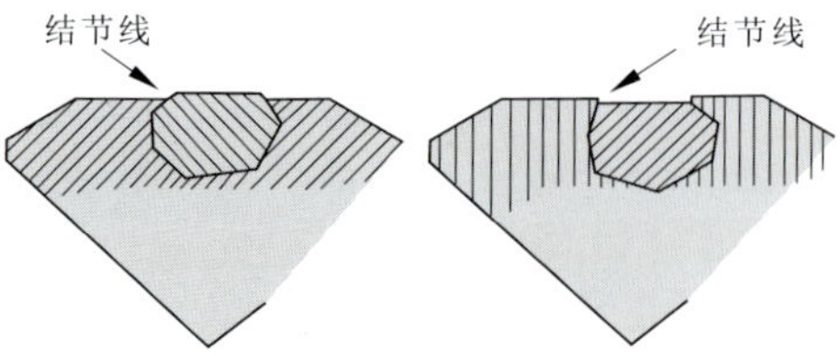

外部特征

图 6－1　钻石的内部特征与外部特征

心得体会

表 6－1 常见钻石内部特征标记符号表

编号	名 称	英文名称	标记符号	说 明
01	点状包体	pinpoint		钻石内部极小的天然包裹物
02	云状物	cloud		钻石中朦胧状、乳状、无清晰边界的天然包裹物
03	浅色包体	crystal inclusion		钻石内部的浅色或无色天然包裹物
04	深色包体	dark inclusion		钻石内部的深色或黑色天然包裹物
05	针状物	needle		钻石内部的针状包裹体
06	内部纹理	internal graining		钻石内部的天然生长痕迹
07	内凹原始晶面	extended natural		凹入钻石内部的天然结晶面
08	羽状纹	feather		钻石内部或延伸至内部的裂隙，形似羽毛状
09	须状腰	beard		腰上细小裂纹深入内部的部分
10	空洞	cavity		大而深的不规则破口
11	激光痕	laser mark		用激光束和化学品去除钻石内部深色包裹物时留下的痕迹。管状或漏斗状痕迹称为激光孔。可被高折射率玻璃充填

画一画

请在下面钻石的冠部净度素描图上画出：深色包体、激光孔、羽状纹；请在亭部净度素描图上画出：须状腰、云状物、击痕等。

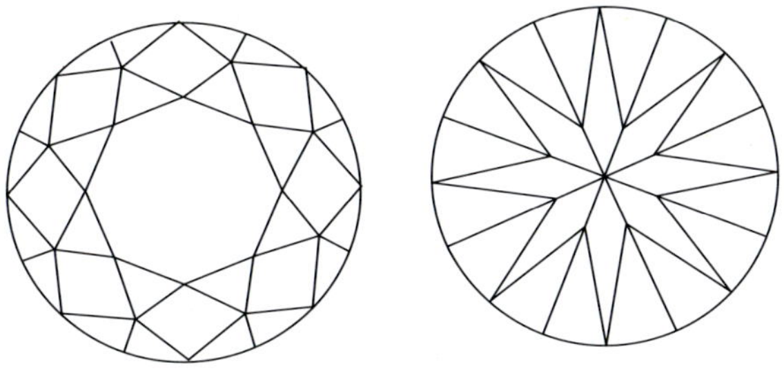

2. 常见钻石外部特征标记符号表(表 6－2)

表 6－2　常见钻石外部特征标记符号表

编号	名　称	英文名称	标记符号	说　明
01	原始晶面	natural		为保持最大质量而在钻石腰部或近腰部保留的天然结晶面
02	表面纹理	surface graining		钻石表面的天然生长痕迹
03	抛光纹	polish lines		抛光不当造成的细密线状痕迹，在同一刻面内相互平行
04	刮痕	scratch		表面很细的划伤痕迹
05	烧痕	burn mark	B	抛光不当所致的糊状疤痕
06	额外刻面	extra facet		规定之外的所有多余刻面
07	缺口	nick		腰或底尖上细小的撞伤
08	击痕	pit		表面受到外力撞击留下的痕迹
09	棱线磨损	abrasion		棱线上细小的损伤，呈磨毛状
10	人工印记	inscription		在钻石表面人工刻印留下的痕迹。在备注中注明印记的位置

画一画

请在下面钻石的冠部净度素描图上画出：原始晶面、烧痕、羽状纹；

请在亭部净度素描图上画出：抛光痕、棱线磨痕、刮伤等。

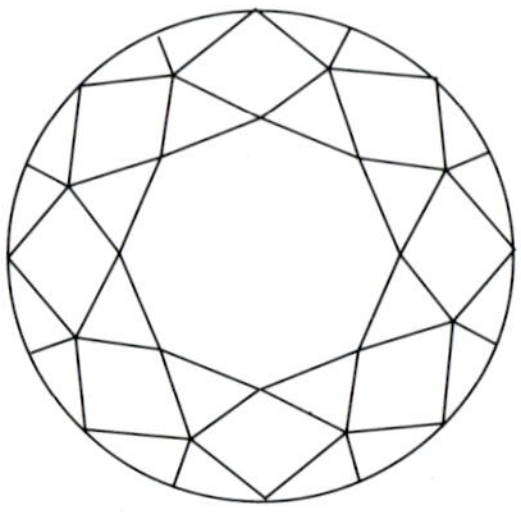

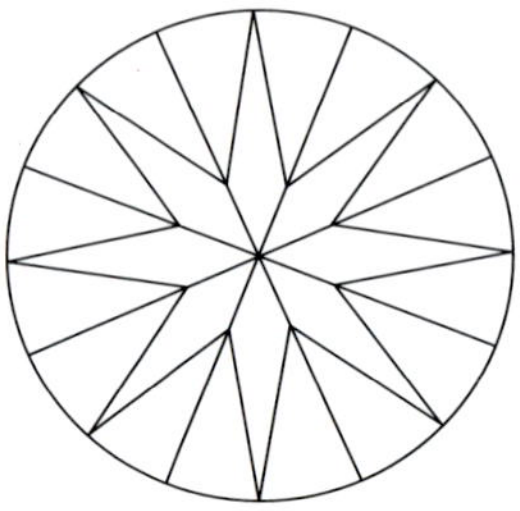

心得体会

3. 钻石内部特征和外部特征标记的方法

(1)钻石的琢型按冠部和亭部作两个平面投影图如图 6－2 所示。

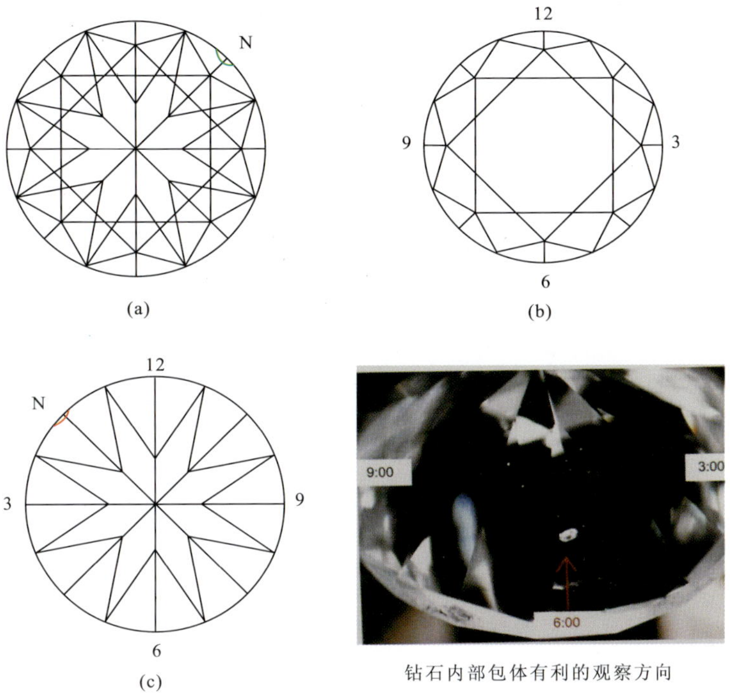

图 6－2 钻石净度素描图(含冠部和亭部作两个平面投影图)

(a)钻石净度特征的实际位置;(b)冠部素描图;(c)亭部素描图

(2)钻石样品和琢型投影图都按时钟的表盘划分 12 部分,分别称为 1 点钟位置,2 点钟位置等。

(3)冠部图和亭部图当并排排列时,是以 6～12 点为轴转 180°,当为上下排列时是以 3～9 点为轴转 180°。

(4)用红色笔标记内部特征,绿色笔标记外部特征,根据上表符号按比例标记在琢形投影图的相应位置上。

例如:实际钻石净度标记方法(图 6－3)。

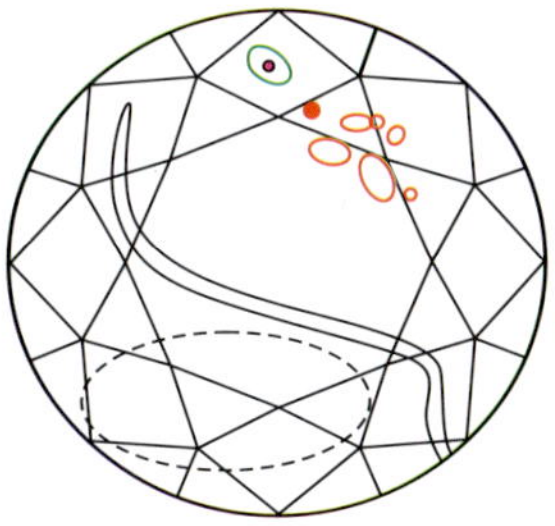

图 6－3 钻石净度素描图

(实际钻石净度标记方法)

基本概念

钻石净度素描图:净度分级时,规定将钻石全部的瑕疵标示在冠部和亭部的投影图上,称之为净度素描图。素描图应准确画出瑕疵所在的位置,基本准确画出瑕疵的大小和形状。

练一练

请将下面钻石冠部净度标记按比例投影到亭部投影图的相应位置中。

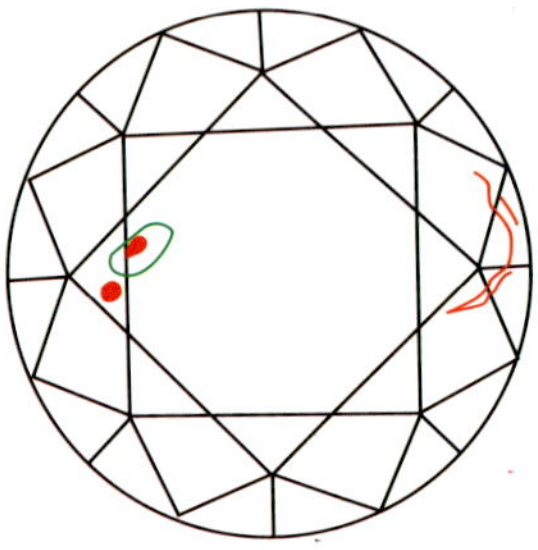

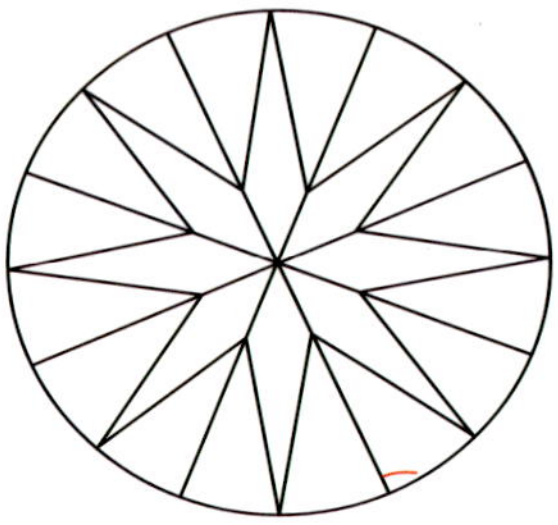

三、净度级别及定义(表 6－3)

表 6－3　钻石净度级别及定义

中国(GB/T 16554－2010)		美国宝石学院(GIA)	
10×放大镜下,未见钻石具内外部特征	LC 级 镜下无瑕级 (FL、IF) (见提示 1)	FL(Flawless) 无瑕	10×放大镜下无缺陷或包裹体(见提示 2)
		IF(Internally flawness) 内部无瑕	无包裹体,但有细小的通过重新抛光可去除的缺陷
10×放大镜下,钻石具极微小的内、外部特征	VVS_1、VVS_2 极微瑕 (见提示 2)	VVS_1、VVS_2 一级极微瑕、二级极微瑕	微小或很不明显的包裹体,10×放大镜下难发现
10×放大镜下,钻石具细小的内、外部特征	VS_1、VS_2 微瑕级 (见提示 3)	VS_1、VS_2 一级微瑕、二级微瑕	小包裹体,10×放大镜下其大小、数量和位置介于难确定和某种程度上易确定之间
10×放大镜下,钻石具明显的内、外部特征	SI_1、SI_2 瑕级级 (见提示 4)	SI_1、SI_2 一级小瑕、二级小瑕	显著的包裹体,10×放大镜下易见。SI_2 的钻石
从亭部一侧观察时,肉眼可见包裹体从冠部观察,肉眼可见钻石具内、外部特征	P_1 P_2 P_3 重瑕疵级 (见提示 5)	I_1 一级瑕	10×放大镜下明显,肉眼通过冠部一侧可以见到的包裹体,级别从肉眼难于看到包裹体的钻石,直到有解理严重影响到耐久性的钻石
		I_2 二级瑕	
		I_3 三级瑕	

注:1. 我国国家标准(GB/T16554－2010)分为 5 个大级别:LC、VVS、VS、SI、P;又细分为 11 个小级别:FL、IF、VVS_1、VVS_2、VS_1、VS_2、SI_1、SI_2、P_1、P_2、P_3。

2. 对于质量低于 0.47ct(即＜0.47ct)的钻石可划分为 5 个大级别。

心得体会

特别提示

(1)10×放大镜下，未见钻石具内、外部特征，定为 FL 级；10×放大镜下未见钻石具内部特征，可见极轻微外部特征，且经轻微抛光后可去除，定为 IF 级；

(2)10×放大镜下极难观察，定为 VVS_1 级；10×放大镜下很难观察，定为 VVS_2 级；

(3)10×放大镜下难以观察，定为 VS_1 级；10×放大镜下比较容易观察，定为 VS_2 级；

(4)10×放大镜下容易观察，定为 SI_1 级；10×放大镜下很容易观察，定为 SI_2 级；

(5)肉眼可见，定为 P_1；肉眼易见，定为 P_2；肉眼极易见并可能影响钻石的坚固度，定为 P_3。

四、影响钻石净度的因素

(1)内部特征大小和数量：内部特征越大，数量越多，使钻石的级别降低；

(2)内部特征颜色和突起：内部特征带有颜色及突起明显，使钻石的净度级别降低；

(3)内部特征位置：内部特征靠近台面或在台面中央附近，明显的位置，使其净度级别降低；

(4)内部特征的性质是否影响耐久性：影响耐用性的内含物是裂隙；

(5)对钻石的亮度是否有影响：内部特征越暗对钻石亮度影响越大；

(6)外部特征是否明显：外部特征越明显使钻石的净度级别降低。

特别提示

激光处理钻石及充填处理钻石不必进行净度分级！

(1)激光处理必须说明及寻找证据(如激光孔口、孔道)；

(2)充填处理钻石必须注明其证据(如裂隙中的闪光效应)。

五、钻石净度分级时的注意事项

1. 注意区别灰尘和内含物

透射光下观察如是包裹体，在相邻刻面上有影像；而灰尘没有影像(图 6-4)。反射光下观察包裹体消失，而灰尘呈色。

图 6-4 钻石表面灰尘

2. 注意镊子影像

镊子影像，看起来像羽状裂隙，须换一个观察角度，镊子影像就会发生变化甚至消失，如果是羽状体则不会发生如此明显变化。

3. 清洗钻石，去掉表面油污

4. 钻石刻面的反射对观察的影响和对净度级别的影响

(1) 异型钻石观察，要从更多角度进行观察；

(2)净度级别判断的主观性和 5μm 规则；

(3)从冠部到亭部，再到腰棱。从台面到主刻面到腰部小面按序进行观察；

(4)夹持钻石时，镊子用力要均匀适中，不能用力。

知识链接

5μm 规则：10× 放大镜下所能见到的最小粒径，通常 10× 放大镜下专家都可见 7～8μm 粒径的颗粒，只有经过长期专门训练的人在 10× 放大镜下才能察觉到 5μm 的颗粒。

六、参考净度级别图版

· 无瑕(LC)

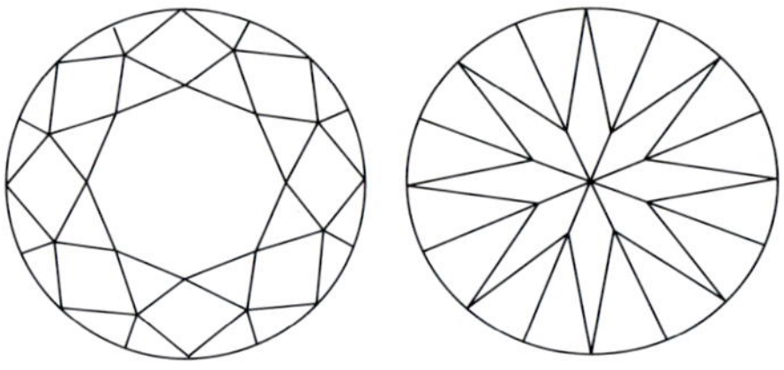

无内、外部特征
FL

· 轻极微瑕(VVS)

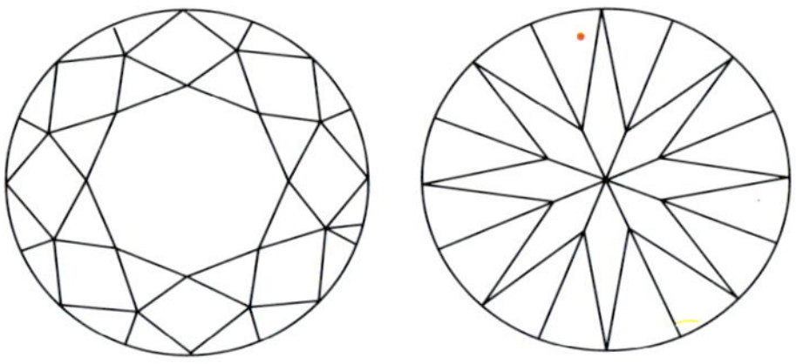

针点、原晶面、额外刻面
VVS_1

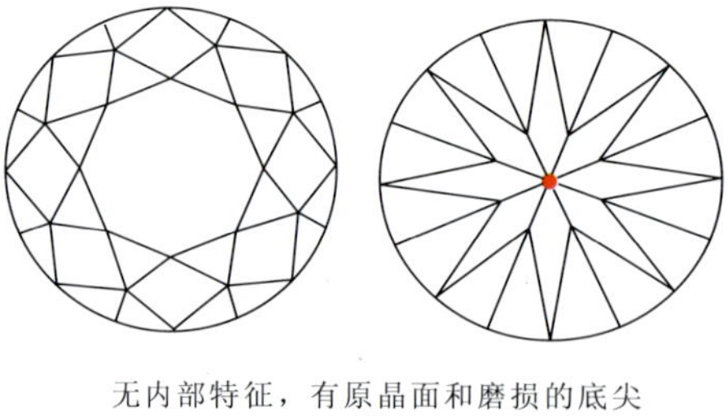

无内部特征，有原晶面和磨损的底尖
IF

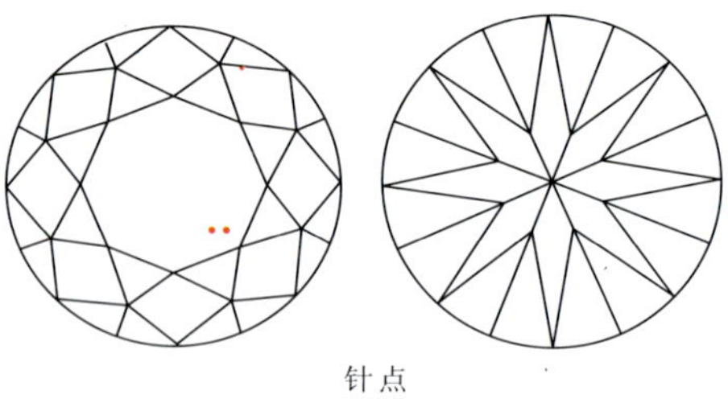

针点
VVS_2

· 轻微瑕(VS)

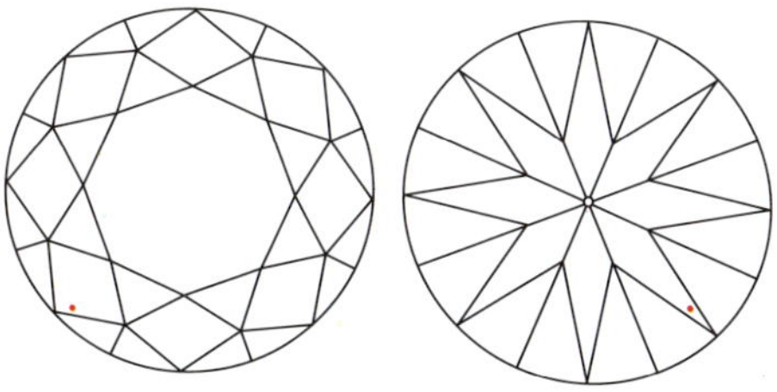

晶体
VS_1

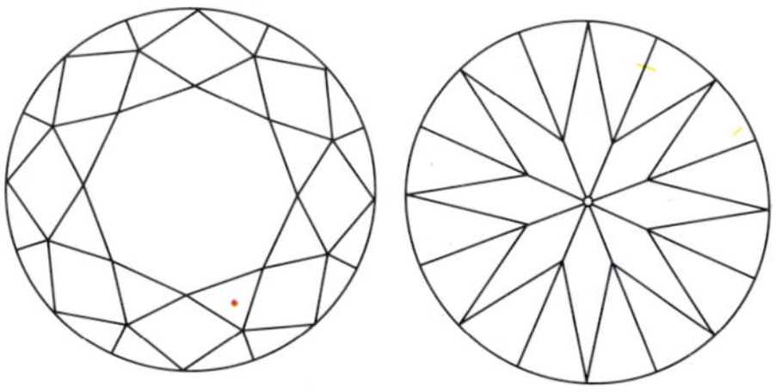

晶体、羽状体、针点、原晶面
VS_1

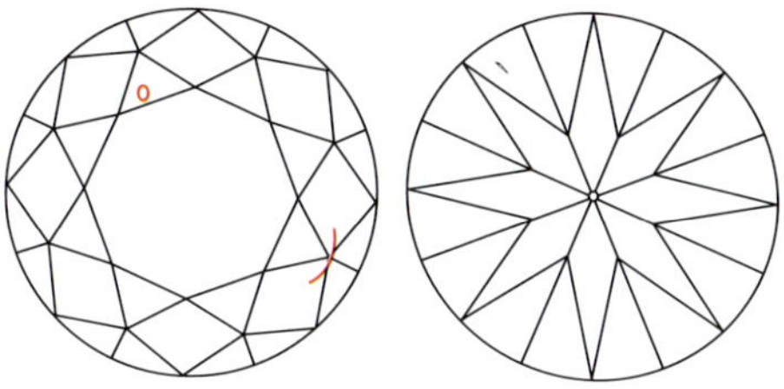

羽状纹、晶体、针点
VS_2

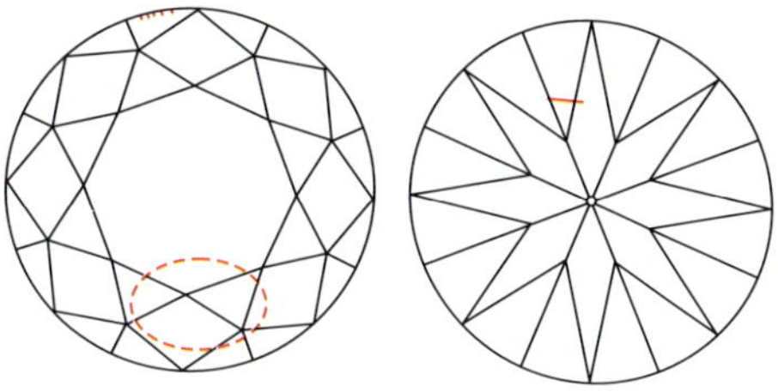

云雾、羽状纹、胡须
VS_2

· 微瑕(SI)

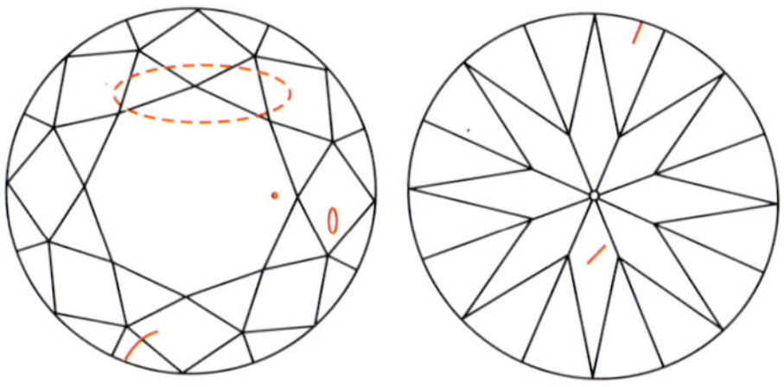

云雾、晶体、针点、羽状纹
SI_1

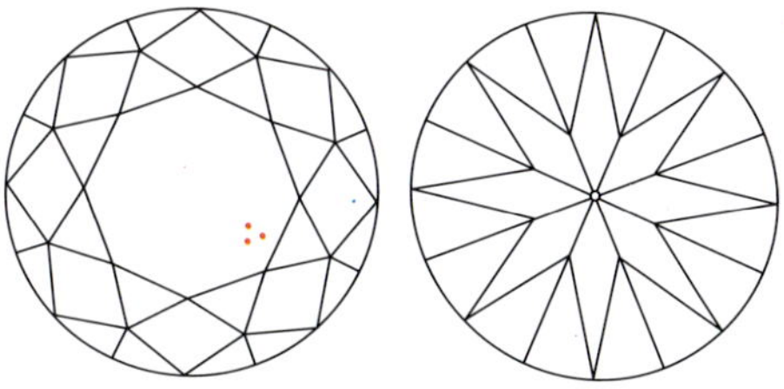

晶体和胡须
SI_1

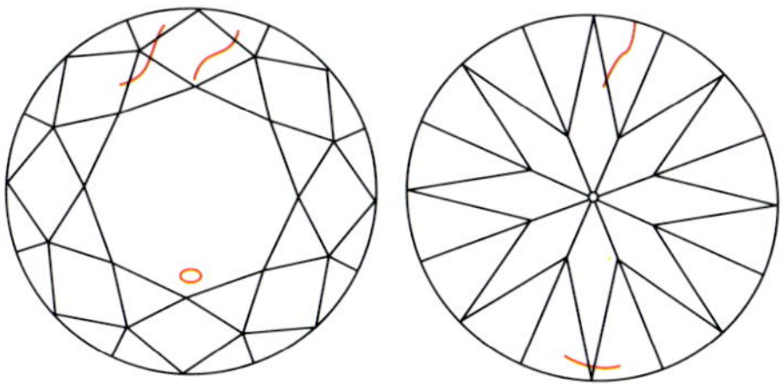

羽状纹和晶体
SI_2

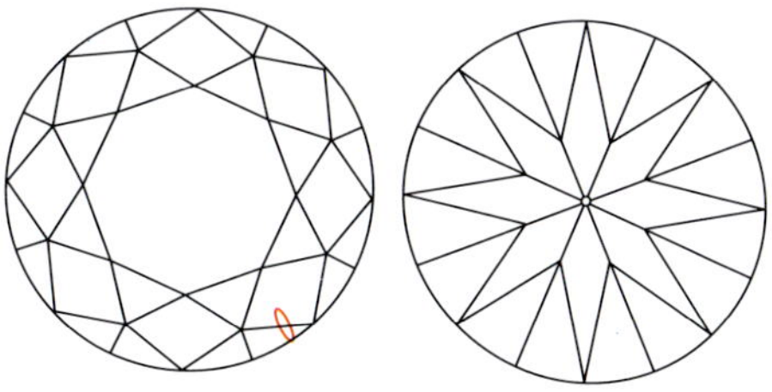

近腰棱的暗色晶纹
SI_2

· 重瑕(P)

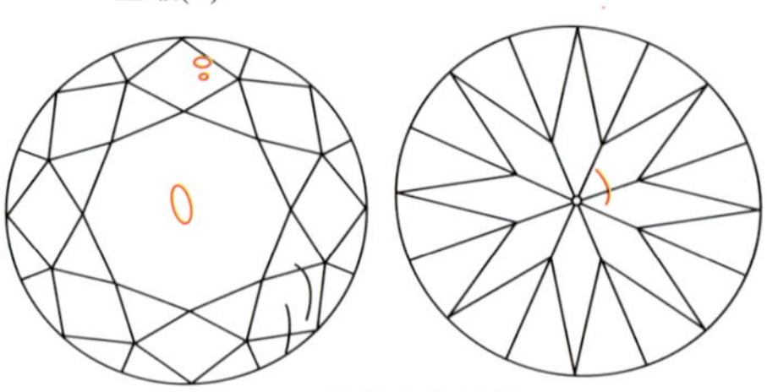

羽状纹和晶体
P_1

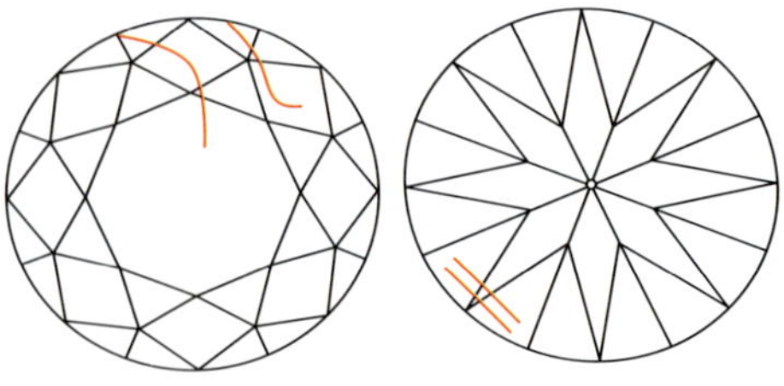

解理和羽状纹
P_1

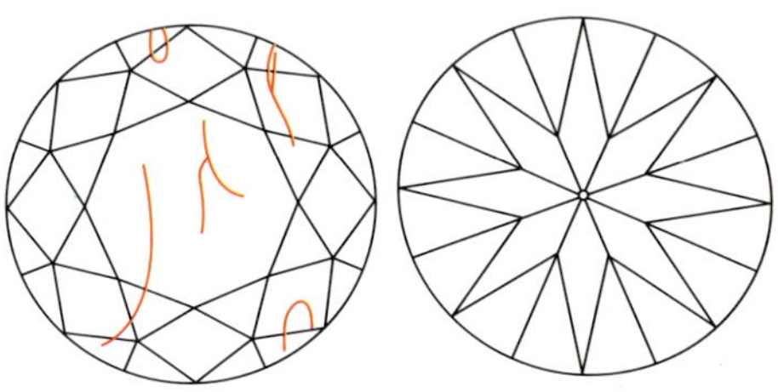

羽状纹和晶体
P_2

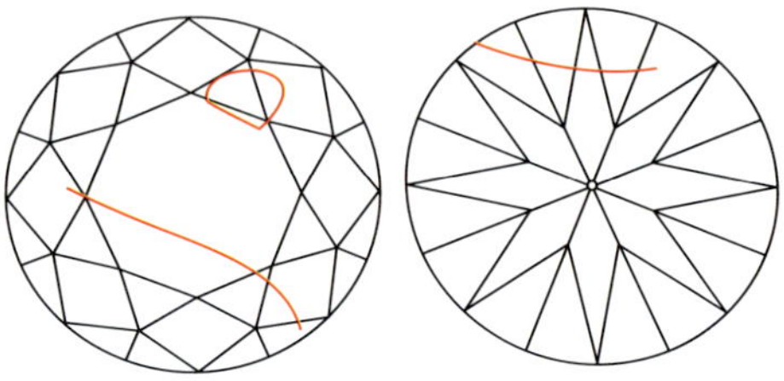

解理和羽状纹
P_2

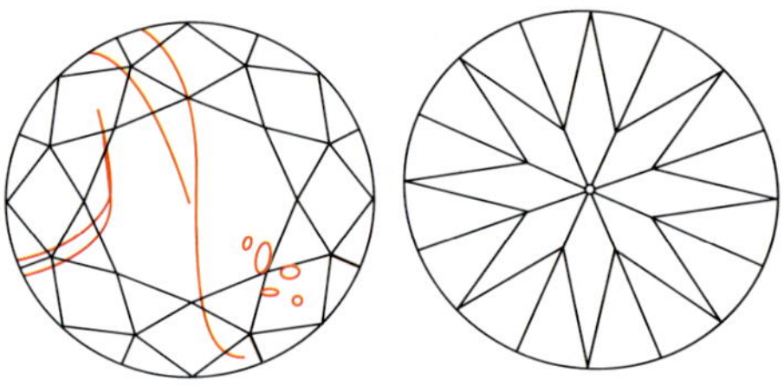

羽状纹和暗色晶体
P_3

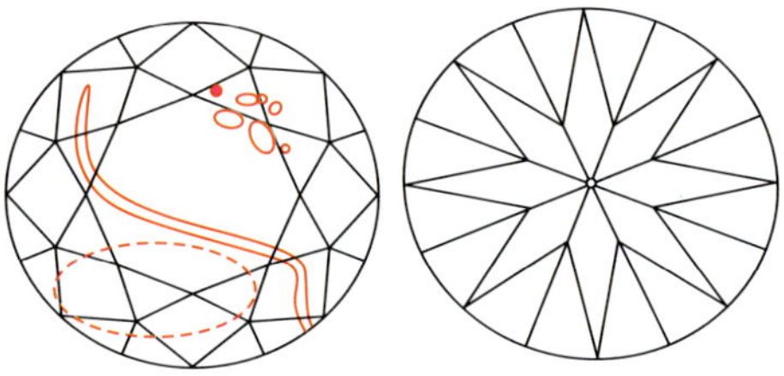

羽状纹、晶体、云雾、胡须
P_3

练一练

请判断下面钻石素描图所表示的净度级别。

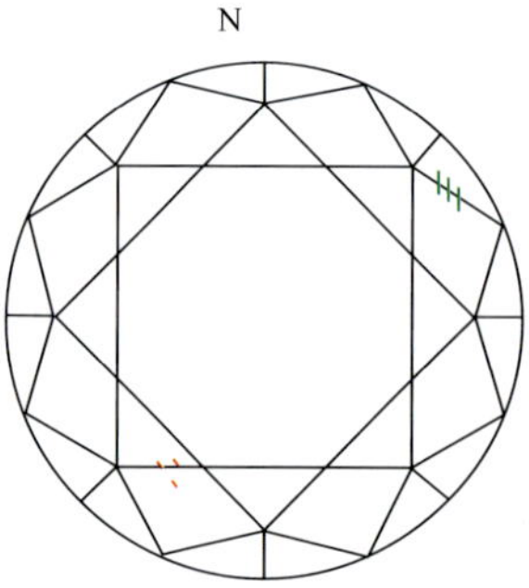

虽然有原晶和棱面磨损，但
程度轻微不影响净度

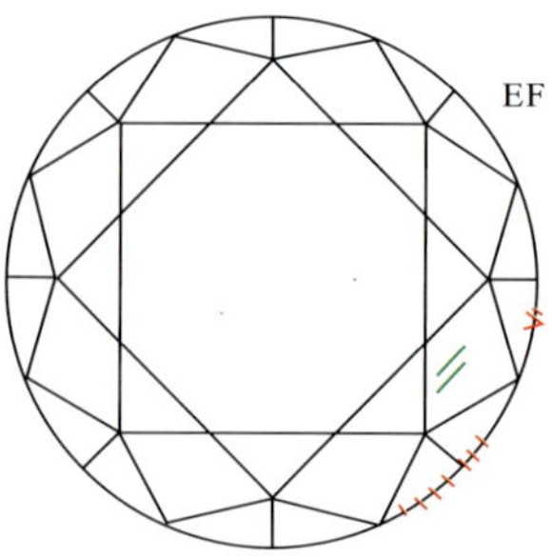

腰棱胡须、从冠部一侧明显可
见的额处刻面决定了净度

心得体会

教你一招

手持放大镜观察钻石净度的动作要领。

(1)镊子和放大镜的配合方法(图 6-5,图 6-6)。

图 6-5 手持放大镜观察钻石净度姿势

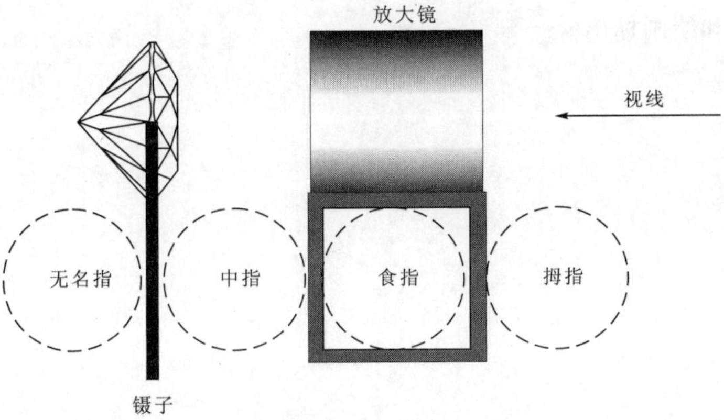

图 6-6 观察钻石净度的手法示意图

(镊子和放大镜的配合)

(2)夹持钻石的 5 种方式(依据观测部位的不同进行选择)(图 6-7)。

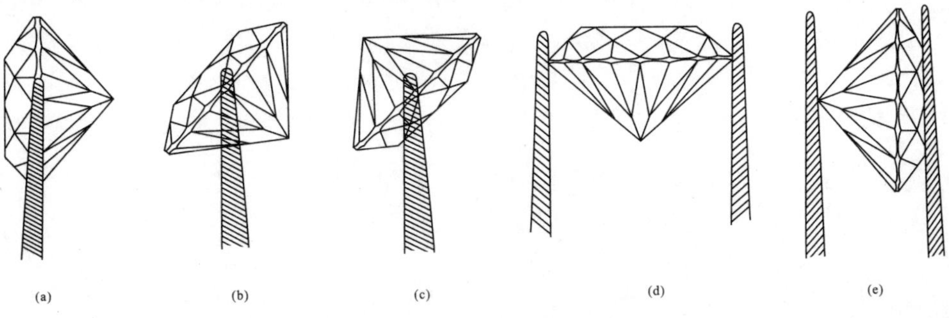

图 6-7 镊子夹持钻石的方法

名钻赏析

Heart of Eternity(永恒之心)

近来驰名世界名钻——蓝钻"永恒之心"(图 6-8),重达 27.64ct,净度等级为 VS_2,颜色为鲜彩蓝(Fancy Vivid Blue),为世界上 11 颗独一无二的蓝钻之冠,之前是由 Steinmetz 集团所切割及拥有,现在为私人收藏家所拥有,一度因与电影《泰坦尼克号》中的"海洋之心"相似而声名大噪。

图 6-8 "永恒之心"

本章练习题

1. 钻石净度级别有几个大级别,几个小级别,分别是什么?
2. 净度特征中,内部特征有哪些及它们的表示方法?
3. 掌握钻石净度分级标准、观察方法,对所给出钻石标本进行净度级别划分,并进行描述和绘画标出。

实习三 钻石的净度分级

一、实习目的

(1)学习用手持放大镜观察钻石的方法,及用镊子夹持钻石的操作方法。

(2)学会观察钻石的内部特征和外部特征。

(3)用 10×放大镜确定钻石的净度级别。

二、实习工具及内容

(1)10×宝石放大镜。

(2)钻石镊子。

(3)钻石灯,色温 5 000~5 500K。

(4)清洗用品:酒精、棉花,不起毛的钻石布。

(5)钻石标本 30 粒。

三、实习指导及实验步骤

1. 洗净或擦净样品

2. 对内部和外部特征的系统观察,目的是为了保证详尽无遗地观察整个钻石,为正确判定钻石的净度等级打好基础

(1)观察钻石的冠部:从台面开始,依次观察其余的冠部小刻面,观察时要使视线与刻面垂直,消除表面反光影响,才能通过刻面看到内部,为此采用倾斜夹持的方式。

(2)观察钻石的亭部:先依次观察下主小面,再依次观察下腰小面:观察方法也要使视线与刻面尽量垂直。

(3)观察钻石的腰棱:注意力要集中在腰棱表面上所具有的特征,为了观察完整,必须把钻石放下转 90°后再夹起观察。

(4)外部特征的观察:外部特征同样要按冠部、亭部和腰棱分别进行有计划的观察,不同的是,把注意力集中在钻石的表面。

(5)把观察的结果做记录,并标记在冠部和亭部投影图上。

(6)最后确定标本的净度级别。

你知道吗?

知名的钻石分级机构的网址

比利时钻石高阶层议会(HRD)

网址:http://www.hrd.be

美国宝石学学会(AGS)

心得体会

网址:http://www.ags.org

国际宝石学院(IGI)

网址:http://www.igiworldwide.com

欧洲宝石学院(EGL)

网址: http://www.eglusa.com

国家珠宝玉石质量监督检验中心(NGTC)

网址: http://www.ngtc.com.cn

心得体会

第七章　钻石的切工分级

学习目标

熟练掌握钻石切工的分级方法和步骤。运用切工分级方法和原理对钻石进行切工分级，为商贸交易提供可靠的鉴定评价依据。

基本概念

切工分级(Cut Grading)：通过测量和观察，从比率和修饰度两个方面对钻石加工工艺完美性进行等级划分。

标准圆钻型切工(Rround Brilliant Cut)：由 57 或 58 个刻面按一定规律(切工参数要求)组成的圆形切工，可简称为圆钻形。

第一节　标准圆钻型钻石的切工及评价

为了最大限度地体现钻石的美，按理想的比例精确加工十分重要。钻石的各个部分都要求有一定的比例。钻石最常见的琢型是标准圆钻型，标准的圆钻型共有 57～58 个刻面。

标准圆钻型钻石切工分级主要分为两个方面：比率和修饰度，即钻石的切工级别包括比率级别和修饰度级别。其中比率级别的主要评价指标：台宽比、冠高比、亭深比、腰厚比、全深比、底尖比、星刻面长度比、下腰面长度比、冠角和亭角等。

基本概念

腰：钻石中直径最大的圆周部分。

冠部：腰部以上的部分，有 33 个刻面。

亭部：腰部以下的部分，即腰部到底尖的部分，有 24 或 25 个刻面。

比率：(亦称比例)各部分相对于平均直径的百分比。根据不同比率测量项目，保留至不同的最小百分位，具体见表 7－1。

表 7－1　不同比率测量项目需保留至的百分位

比率测量项目	台宽比	冠高比	腰厚比	亭深比	全深比	底尖比	星刻面长度比	下腰面长度比
保留至	1%	0.5%	0.5%	0.5%	0.1%	0.1%	5%	5%

注：依据 GB/T16554－2010。

练一练

参照下图，填出下表。

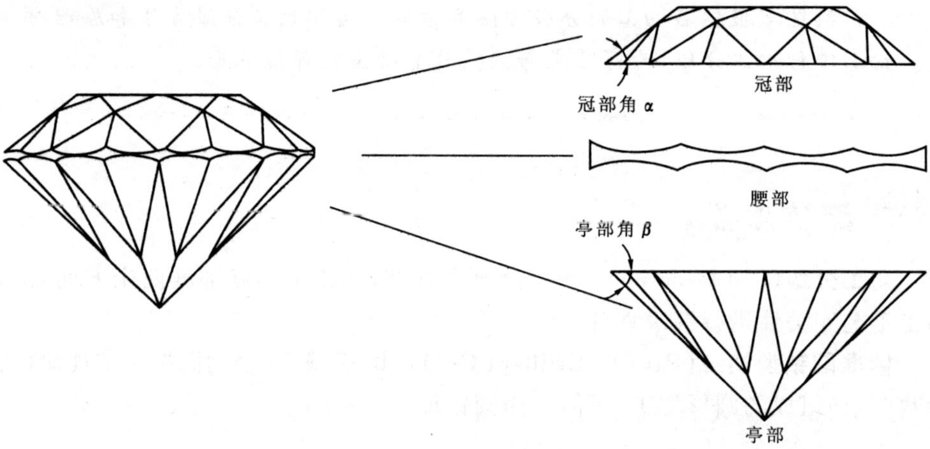

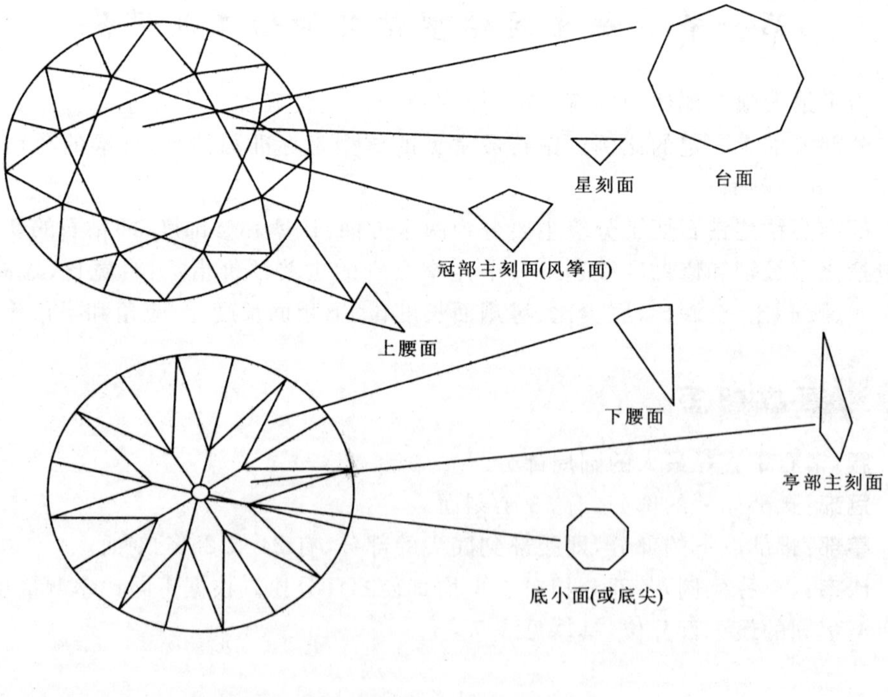

标准圆钻型的组成

部 位	名 称	形 状	数 量
冠部	台面		
	主小面		
	星小面		
	上腰小面		
亭部	下腰小面		
	下主小面		
	底面		
合计(刻面数)			

一、标准圆钻型的特点

钻石琢型具有完美的对称性,方能充分显示出钻石卓越的光学性质,而最能体现钻石光学特性的是标准圆钻型。

1.冠部的作用

冠部的表面对光线的反射形成光泽(图 7-1)。

2.冠部对入射光的折射作用

冠部刻面(冠部主刻面)产生的色散作用可以形成火彩。

(1)亭部的作用:对入射光线产生全反射。

(2)腰棱的作用:由于腰棱会导致漏光,理论上说越薄越好。

(3)理想的比例:

1)亭部角度,冠部角度,台面大小都要互相配合。

2)配合适当的圆钻、显示明亮,闪烁并具色散的艳丽外观,这是确定最佳圆钻比例的一种观点和方法。

3)在一定条件下,通过光线在圆钻内的折射、反射的计算得出最佳比例。

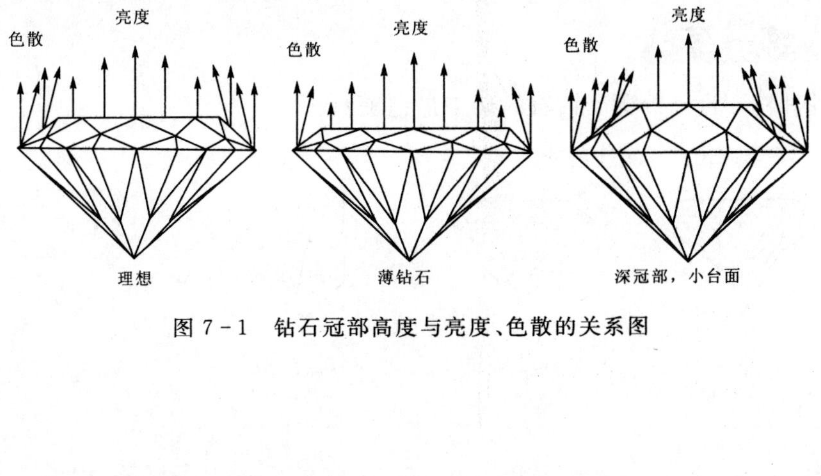

图 7-1　钻石冠部高度与亮度、色散的关系图

特别提示

(1)从冠部射出的光的总量决定了钻石的亮度,从内部反射光的量取决于亭部角度,钻石亭角的全反射临界角为 24°。

(2)钻石的色散强弱决定于冠高、冠角以及刻面数量和大小,其中冠角越大,色散越强。

你知道吗?

世界五大钻石切磨中心(一)

世界五大钻石切磨中心:俄罗斯、美国纽约、比利时的安特卫普、以色列的特拉维夫、印度的孟买。

俄罗斯使用自产的自动化机器,按照传统的叫法,也把这种切工叫做苏联工,苏联工钻石的特点是都是圆形钻,有 57 个面,底尖磨平,腰缘非常细致,呈半透明的磨砂状,表面常有平行细线,钻石大小从 1pt 到 10ct 都有。

3. 最理想或最佳比例的结果

世界各地对钻石的亮度、色散要求不完全相同,主要有 4 种理想琢型,见表 7-2。

表 7-2　4 种理想的钻石琢型

名称	台宽比	冠高比	亭深比	冠角	亭角	腰棱
托尔可夫斯基琢型(美国)	53%	16.2%	43%	34°30′	40°45′	1%～3%
艾普洛琢型(德国)	56%	14.4%	43.2%	33°10′	40°50′	1%～3%
Scan-DN 琢型(欧洲)	57.5%	14.6%	43.1%	34°30′	40°45′	1%～3%
标准圆钻型	56%～66%	11%～15%	41%～45%	31°～37°	39°4′～42°1′	1%～3%

练一练

请依据下图,分析哪个钻石的切工最完美?

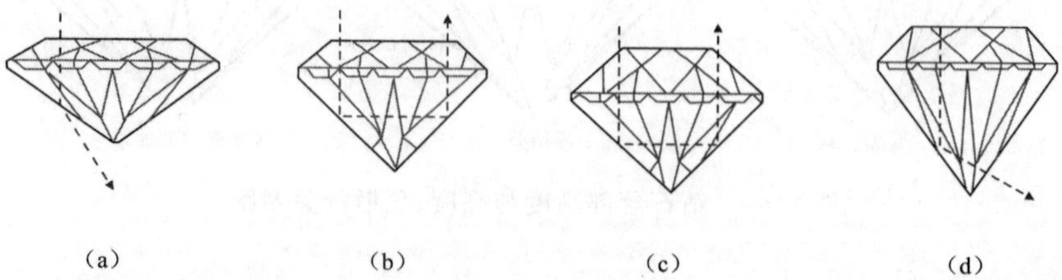

(a)　(b)　(c)　(d)

心得体会

二、标准圆钻型的比率级别

标准圆钻型的比率可以使用钻石全自动切工测量仪以及各种微尺、卡尺，直接对各测量项目进行测量。能相当准确地测量出标准圆钻型的各种比率或角度，比率参数包括：台宽比、冠高比、腰厚比、亭深比、全深比、底尖比、亭角和冠角星刻面长度比、下腰面长度比等 10 个项目，具体如图 7－2 所示。

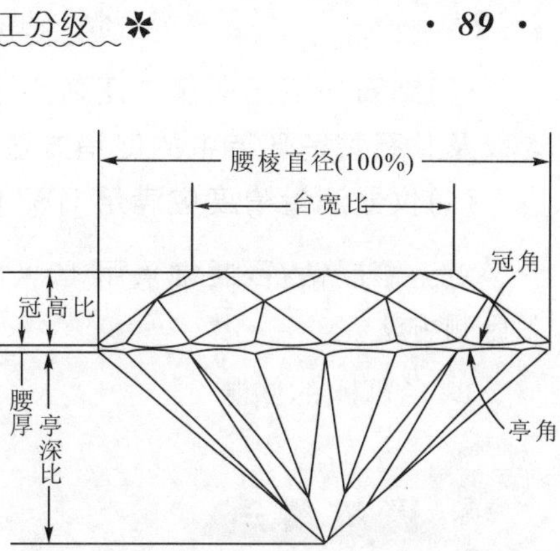

图 7－2　标准圆钻型切工侧视示意图

特别提示

所有测量长度的项目，单位为 mm，并精确到 0.01！

目前，国内测量钻石切工比例的仪器主要有：全自动钻石切工分析系统、Sarin 系列钻石切工比例仪（图 7－3）和 GIA 钻石切工比例镜。其中 Sarin 系列钻石切工比例仪是一种精度高、速度快、使用简便的测量仪器，该仪器根据光学反射原理，运用计算机三维成像技术，得到一系列钻石投影图像并加以分析，精确测量和计算出待测钻石的切工比率。

图 7－3　全自动钻石切工比例仪

特别提示

（1）钻石切工比例仪必须配置参考标准物质，首选钻石，可用合成立方氧化锆替代。

（2）钻石切工比例仪只适合标准圆钻型的裸钻切工比率测量。

(3)钻石切工比例仪广泛适用于成品钻石的切工分级，钻石加工过程的质量检验以及钻石营销环节中的促销方法。

(4)仪器测量精度应满足 GB/T16554－2010 的要求(表 7－1)。

对于镶嵌钻石，通常采用 10×放大镜，目测法进行切工比率估测，具体包括以下目测方法。

1. 台宽比的估测

基本概念

台宽比：台面宽度相对于平均直径的百分比，计算公式：

台宽比＝台面宽度(l_{ab})/平均直径×100%(图 7－4)

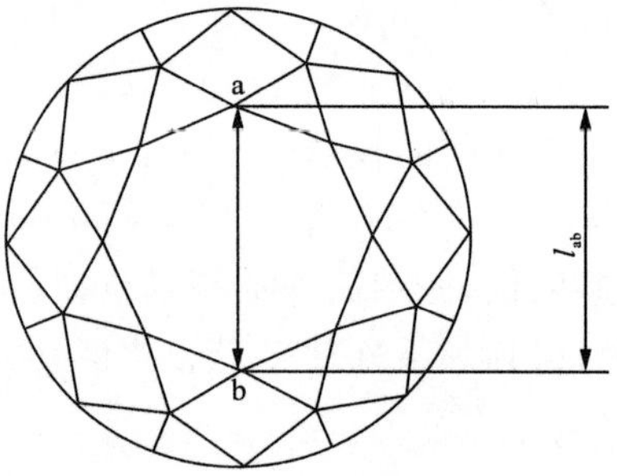

图 7－4 台面宽度(l_{ab})示意图

估测台宽比，两种常用的方法：

(1)弧度法

钻石台面朝上透过 10×放大镜观察，注意沿星刻面→台面→星刻面一条线观察下去，观察这 8 条线所表现出来的弧线的弯曲状况，以判定台宽比的方法(图 7－5)。

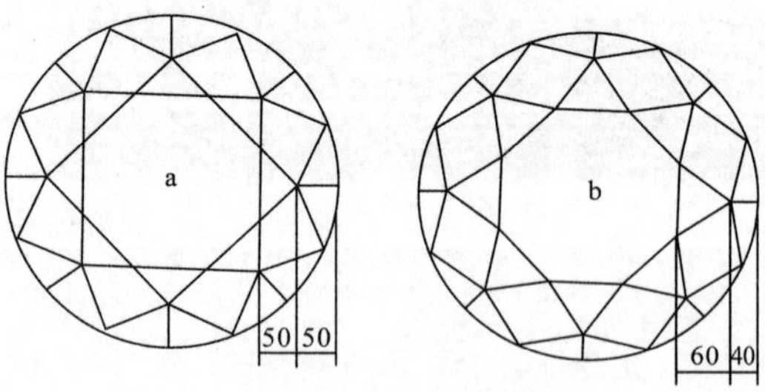

图 7－5 弧度法估测台宽比

很明显向内弯	53%
稍向内弯	58%

心得体会

八条直线 60%

稍向外弯 63%

很明显向外弯 67%

(2)比例法

目测从腰到台面边缘的距离(CA)和台面边缘到中心点的距离(AB)之间的比例,如果 CA∶AB=1∶1,则台宽比为 54%,其他比例如图 7-6 所示。

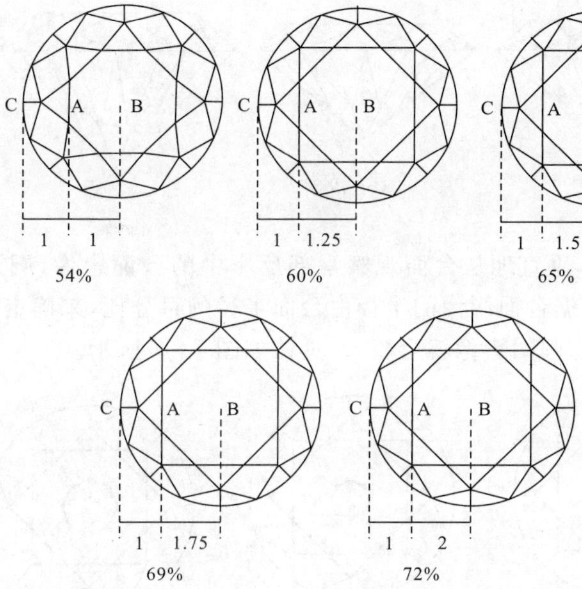

图 7-6 比例法估测台宽比

1∶1	台宽比	54%	$1:1\frac{1}{4}$	台宽比	60%
$1:1\frac{3}{4}$	台宽比	69%	1∶2	台宽比	72%

你知道吗?

世界五大钻石切磨中心(二)

美国加工钻石的自动打圆机主要引自以色列,加工的钻石包括圆钻和各种花式切工的钻石,主要加工大钻,5ct 以上的大钻为主,美国切工式的圆形钻石有 58 个面,尖底磨平抛光成透明的八角形,腰缘磨成透明刻面,美国加工出来的钻石的对称性不如苏联工和比利时工。

2. 亭深比的评定

基本概念

亭深比(Pavilion):亭部深度相对于平均直径的百分比,计算公式:亭深比=亭部深度(hp)/平均直径×100%

亭深比是所有比例参数中目测最准确的一种，其方法是：利用台面经亭部反射所形成的影像大小，可判断亭部深度的百分比。

练一练

对照下面的图示，用自己的语言介绍钻石的亭深对钻石火彩的影响。

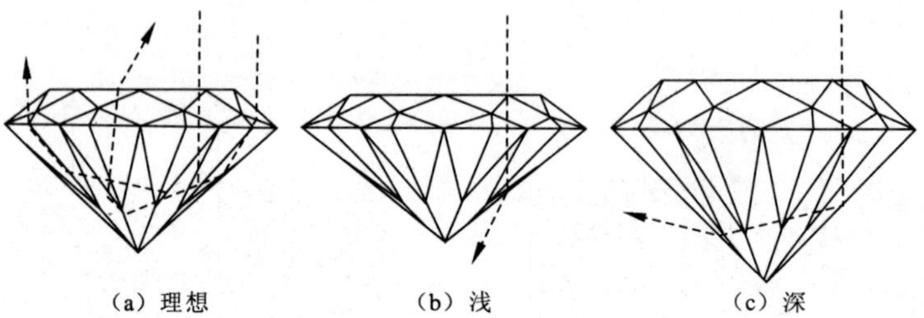

(a) 理想　　(b) 浅　　(c) 深

(1)台面影像法

通过 10× 放大镜，垂直地从台面观察亭部反影中的台面影像(圆圈)，并比较影像与台面的大小，根据台面影像的半径占台面半径的百分比，来确定亭部深度的比例，亭部越深，出现的圆圈影像就会越大，具体如图 7－7 所示。

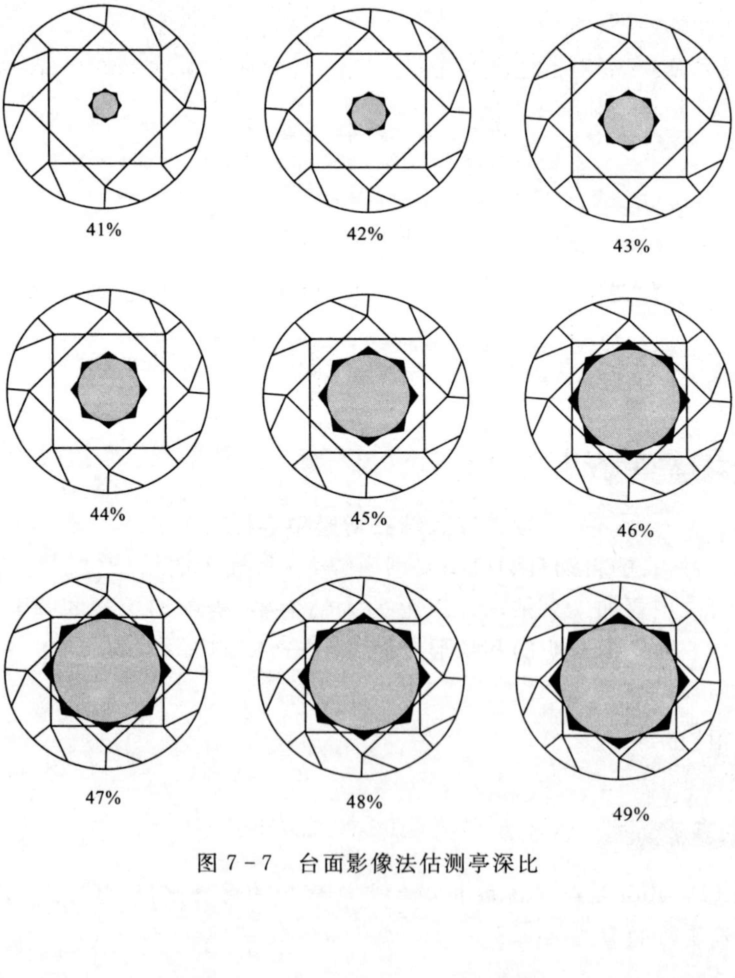

图 7－7　台面影像法估测亭深比

心得体会

知识链接

钻石的鱼眼现象、钉头现象

鱼眼现象(图 7-8):当钻石的亭部深度百分比低于 40%时,从台面(从上至下)观看钻石,沿着台面周围会有一圈灰白状的反色效果。

钉头现象(图 7-9):圆钻明亮型切割的钻石,中心部分为黑暗状无光泽,其形状与图钉相似,那是因为底部深度百分比高于 48%,也称黑底效应。

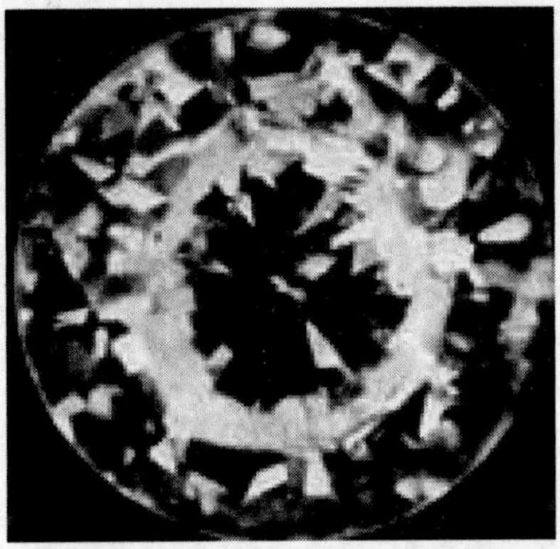

图 7-8 钻石的鱼眼现象

图 7-9 钻石的钉头现象

(2)亭深侧视法

从侧面平行于腰棱平面方向观察圆钻,可见到腰棱经亭部刻面反射后形成的两条(或一条)亮带,亮带的位置与相互间的间距(h_1、h_2)与亭部深度有关(图 7-10)。

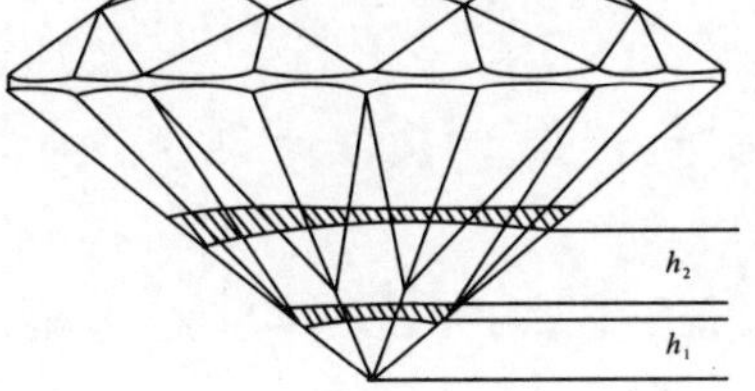

图 7-10 腰棱经亭部刻面反射后形成的两条亮带

练一练

仔细观察下面的亮带位置,记住其所对应的亭深比!

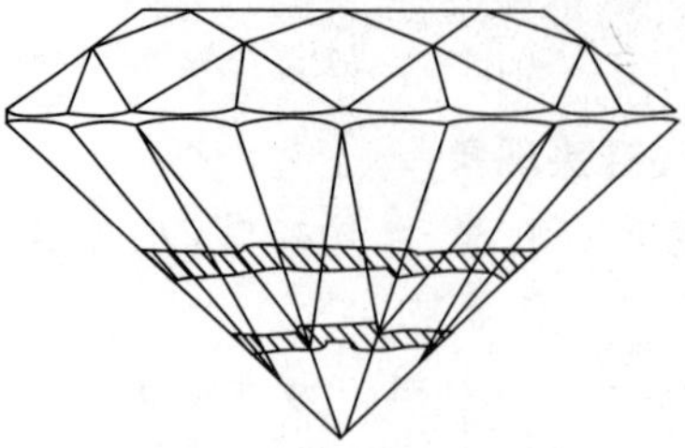

亭深比大时（46%）$h_1>h_2$

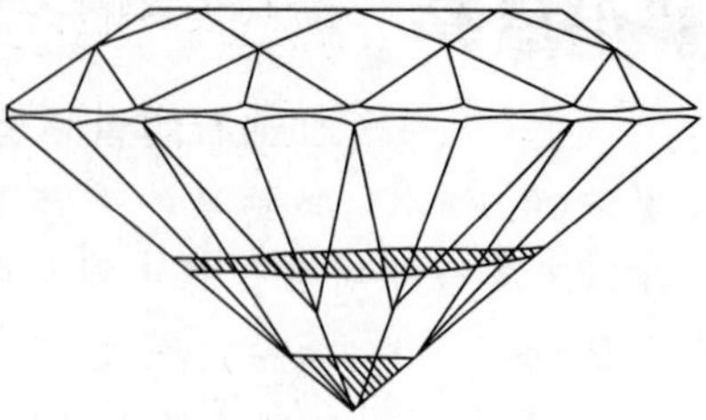

亭深比较小时（41%）h_1小在底尖

你知道吗?

世界五大钻石切磨中心(三)

以色列以前是使用传统工具，加工出来的钻石腰缘较粗糙，加工的圆钻从10pt到50pt为主。目前，以色列切工今非昔比，抛光非常好，钻石亮度高，同时他们保留原始晶面，所以钻石有时候并不只是57面，这样做法是比较灵活，钻石的性价比得到提高。

3. 腰厚比的评定

基本概念

腰厚比(girdle)：腰部厚度相对于平均直径的百分比，计算公式：

腰厚比＝腰部厚度(hg)/平均直径×100％

评价腰厚比的方法以目测为主，通常使用10×放大镜观察上腰面和下腰面之间的最窄的一段为准，并对腰整个观察一圈，估测其腰厚，再进行相应的计算得出腰厚比，根据腰厚比分为：极薄、很薄、薄、适中、稍厚、厚、很厚、极厚几种类型，参见图7－11(10×放大镜下)：

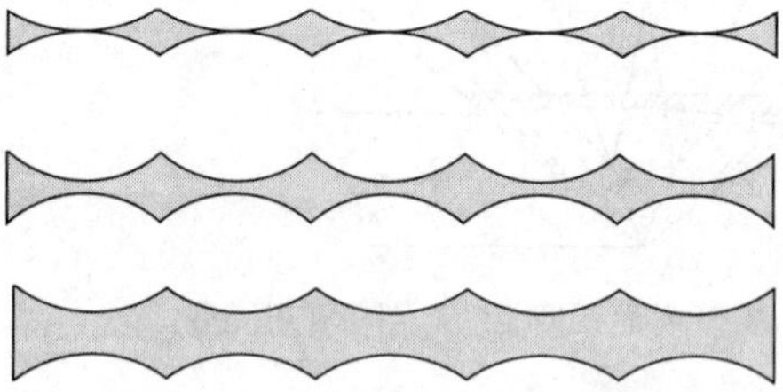

图7－11　腰厚级别以及对应腰厚比

练一练

按照下面图示，练一练钻石腰部观察方法。

心得体会

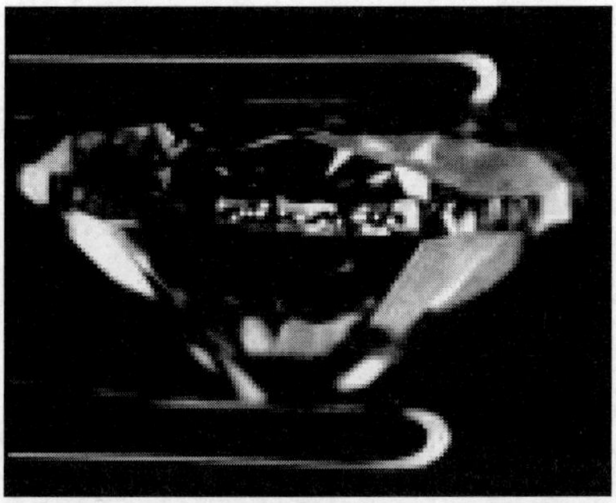

4. 底尖

基本概念

底尖(或底小面)(Culet):亭部主刻面的交汇点,呈点状或呈八边形刻面。

底尖比(Culet Size):底尖直径相对于平均直径的百分比。

$$底尖比=\frac{底尖直径}{平均直径}\times 100\%$$

一般50pt(分)以上的钻石,底部都可能会有小面,好的底尖比例是点状的底到小底尖,底尖比小于1.0%,一般为"较好",小于4.0%为"好"以上的级别,目测时,如果在10×放大镜下能看到清楚的八边形,则底尖就偏大,表7-3为底尖大小的评价表。

表7-3 底尖大小的评价表(目测法)

底尖分级	底尖说明
无	10×放大镜下没有刻面,也可能为一小有点
小	10×放大镜下几乎看不出的一个小面
中	10×放大镜可感觉出一个小面
大	10×放大镜下已形成八角形的一个刻面,肉眼已勉强感觉出来
非常大	肉眼可感觉出,整个八角形刻面在台面下形成一个阴影
极大	肉眼明显感觉出底面为八角形

你知道吗?

世界五大钻石切磨中心(四)

比利时目前生产出来的钻石切磨工具遍及世界各地,通常在国际市场上对用这一类工具磨出来的钻石都称作比利时工，比利时加工的钻石包括圆钻和各种花式切工的钻石，大小从 1pt 到 10ct 都有，圆形钻通常为 57 个面，有的底尖稍稍打磨成一个磨砂状的小白点(58 面)，以防钻石混装时磕碰摩擦损坏，另外腰缘不抛光，呈磨砂状，加工好的钻石从台面看去亭部阴影大小不一，冠部刻面对称稍差，少部分加工出来的钻石有鱼眼效应或黑底效应。

5. 冠高比

基本概念

冠高比：冠部高度相对于平均直径的百分比，计算公式见下：

冠高比＝冠部高度(h_c)/平均直径×100％

6. 全深比

基本概念

全深：钻石台面至底尖之间的垂直距离。如图 7－12。

全深比＝全深(h_t)/平均直径×100％

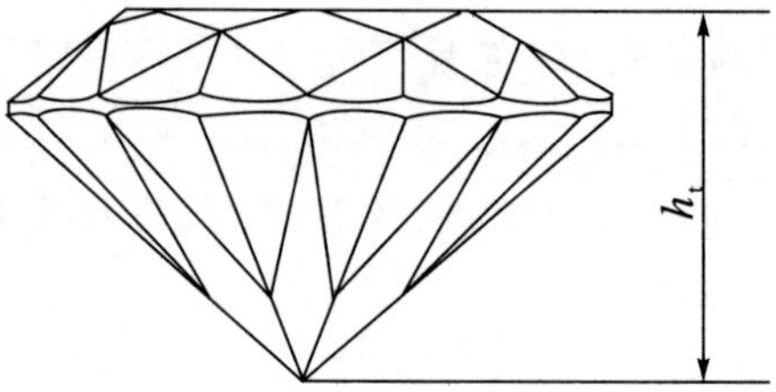

图 7－12　全深(h_t)示意图

练一练

请在下图中指出冠高比、全深比所对应的位置。

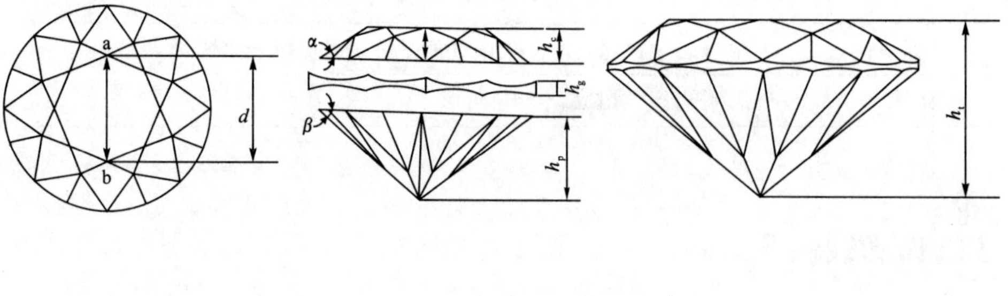

心得体会

你知道吗？

世界五大钻石切磨中心（五）

印度加工钻石的方式以传统的家庭作坊式为主，加工出来的部分钻石抛光效果略差，对称性不太好，不过它们加工的钻石均以小钻为主，一般在 20pt 左右。

7. 冠部角的目测法

基本概念

冠部角：冠部主刻面与腰部水平面的夹角。单位：度(°)，精确到 0.5。

冠部角常用的目测评定法：

(1)冠角正视估测法

冠角正视法是垂直地透过台面和上主刻面观察下主刻面的轮廓在经过台面与上主刻面界线后的连续程度来估计冠角的大小。连续程度可以根据下主刻面的影像被台面边线截断位置上的宽度，如图中的 B，与下主刻面的影像与上主刻面边线相交的位置上的宽度，如图 7－13 中的 A：

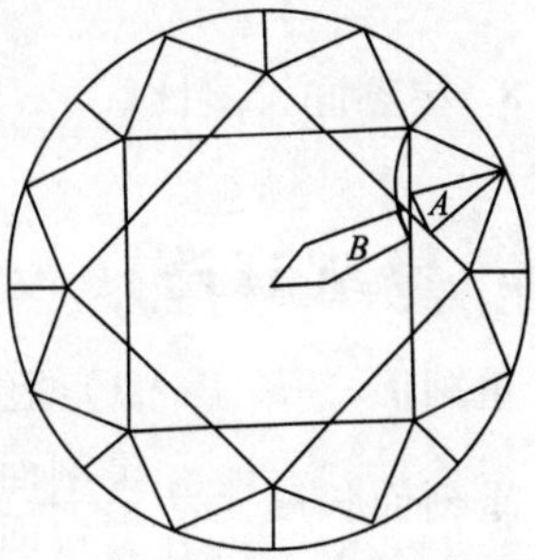

图 7－13　冠角正视估测示意图

A 与 B 几乎相等时，冠角为 25°；

A 大约是 B 的 1.2 倍时，冠角为 30°；

A 大约是 B 的 2 倍时，冠角为 34.5°。

如果冠部角增大到一定的程度，A 要减少，这时透过上主刻面看到的下主刻面的影像成棱标状，称脱节现象。

练一练

仔细观察下面的亭部刻面的影像，学会正视法判断冠角的大小。

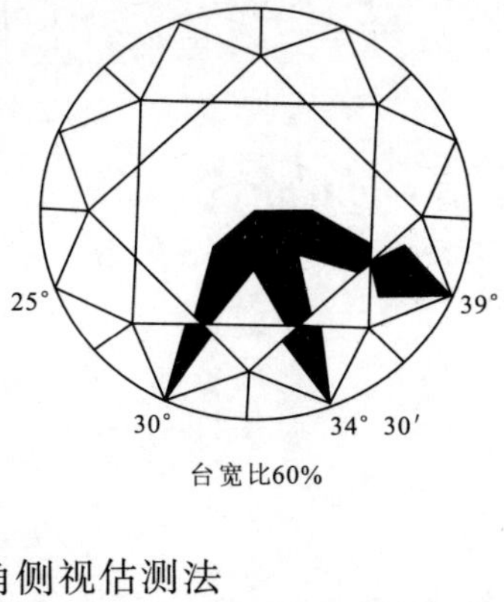

台宽比60%

台宽比：60%；冠角：34°～34° 30′

(2)冠角侧视估测法

冠角侧视法是在 10× 放大镜下从侧面观察圆钻，估计上主刻面与腰棱平面所形成的角度。其方法是：用镊子夹住圆钻的腰棱并且要夹在下主刻面与腰棱相交位置上。使镊子与腰棱平面成 90°，上主刻面正好形成圆钻侧面轮廓的边。然后，把 90°分成三等分；在 30°角的基础上加减角度，给出准确的测值(图 7－14)。

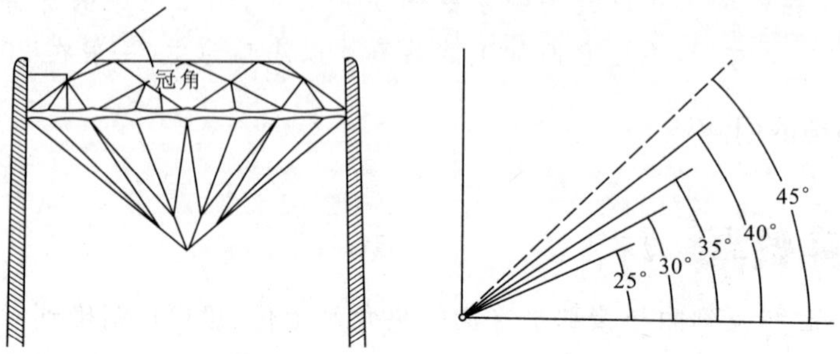

图 7－14　冠角侧视法示意图

8. 星刻面长度比

基本概念

星刻面(Star Facet)：冠部主刻面与台面之间的三角形刻面。

$$星刻面长度比=\frac{星刻面顶点到台面边缘距离的水平投影(d_s)}{台面边缘到腰边缘距离的水平投影(d_c)}\times 100\%$$

依据 GB/T16554－2010 的最新切工分级标准要求，新增了星刻面长度比，进一步完善切工比率参数，具体位置见图 7－15。

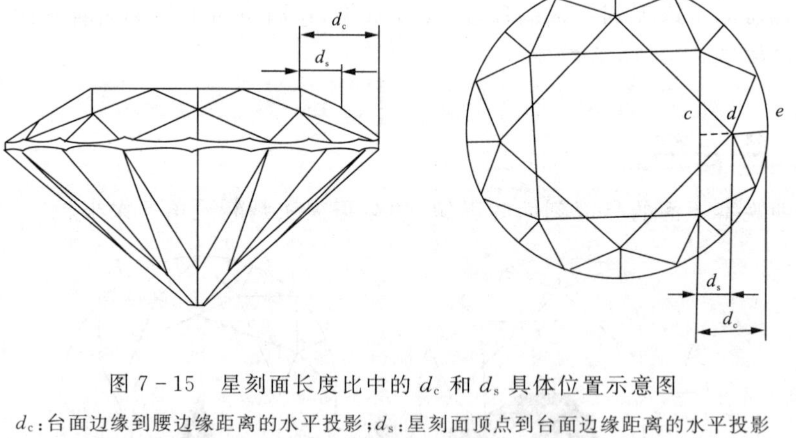

图 7－15　星刻面长度比中的 d_c 和 d_s 具体位置示意图

d_c：台面边缘到腰边缘距离的水平投影；d_s：星刻面顶点到台面边缘距离的水平投影

9. 下腰面长度比

基本概念

下腰面(Lower Girdle Facet)：腰与亭部主刻面之间的似三角形刻面。

下腰面长度比＝

$$\frac{\text{相邻两个亭部主刻面的联结点到腰边缘上最近点之间距离的水平投影}(d_l)}{\text{底尖中心到腰边缘距离的水平投影}(d_p)}\times 100\%。$$

在 GB/T16554－2010 中，新增了下腰面长度比，对切工参数进一步规范，具体位置见图 7－16。

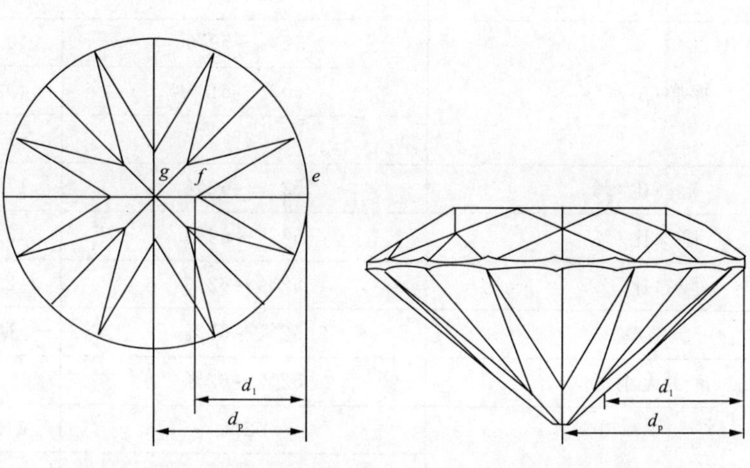

图 7－16　下腰面长度比中的 d_l 和 d_p 具体位置示意图

d_l：相邻两个亭部主刻面的联结点到腰边缘上最近点之间距离的水平投影；

d_p：底尖中心到腰边缘距离的水平投影

三、钻石比率的级别

依据台宽比的范围（44%～72%），GB/T16554－2010 将台宽比分为 23 个区域，再依据冠角（α），亭角（β）、冠高比、亭深比、腰厚比、底尖比、全深比、α＋β、星刻面长度比、下腰面长度比等项目，从而将钻石切工比率分为 5 个级别，极好（Excellent，简写为 EX）、很好（Very Good，简写为 VG）、好（Good，简写为 G）、一般（Fair，简写为 F）、差（Poor，简写为 P）。具体划分标准，见附录一比率分级表。

特别提示

（1）比率级别由全部测量项目中的最低级别表示；

（2）台宽比在 52%～62%范围内时，方可能出现"极好（EX）"级别；

（3）台宽比在 50%～66%范围内时，方可能出现"很好（VG）"以上的级别；

（4）星刻面长度比的范围在 40%～70%之间时为"很好（VG）"以上级别，其中 45%～65%为"极好"的级别；

（5）下腰面长度比的范围在 65%～90%之间时为"很好（VG）"以上级别，其中 70%～85%为"极好（EX）"的级别；

（6）以下比率项目在"极好"级别的参数总体不变，具体见表 7－3。

心得体会

表 7-3　比率中"极好"级别所对应的各比率项目所在范围

比率项目	台宽比(52%～62%)	极好
冠角(α)/(°)	52%～59%	31.2～36.0
	60%	31.2～35.8
	61%	32.2～35.6
	62%	32.8～35.0
亭角(β)/(°)	52%～59%	40.6～41.8
	60%～61%	40.8～41.8
	62%	41.0～41.6
冠高比/%	52%～62%	12.0～17.0
亭深比/%	52%～62%	43.0～44.5
腰厚比/%	52%～62%	2.5～4.5
腰厚	52%～62%	薄—稍厚
底尖大小/%	52%～62%	<1.0
全深比/%	52%	61.6～63.2
	53%	61.4～63.2
	54%	61.2～63.2
	55%	61.0～63.2
	56%	60.7～63.2
	57%	60.1～63.2
	58%	59.9～63.2
	59%	59.7～63.2
	60%～62%	58.5～63.2
α+β/(°)	52%～62%	73.0～77.0
星刻面长度比/%	52%～62%	45～65
下腰面长度比/%	52%～62%	70～85

四、影响比率级别的其他因素

1. 超重比例(Over Weight)

基本概念

(1)建议克拉质量(Suggested Carat Weight)：

标准圆钻型切工钻石的直径所对应的克拉质量，见附录二。

心得体会

(2)超重比例$=\dfrac{\text{实际克拉质量}-\text{建议克拉质量}}{\text{建议克拉质量}}\times100\%$

依据待分级的钻石(标准圆钻型)的平均直径(即最大直径和最小直径的算术平均数),查钻石建议克拉质量表(附录二),得出待分级钻石的建议克拉质量,将该待分级钻石的实际克拉质量与建议克拉质量按照超重比例公式进行计算,得出相应比率级别(表 7-4)。

表 7-4 超重比例与比率级别对应表

比率级别	极好(EX)	很好(VG)	好(G)	一般(F)
超重比例(%)	<8	8～16	17～25	>25

注:依据 GB/T16554-2010。

2. 刷磨和剔磨

基本概念

刷磨(painting):上腰面联结点与下腰面联结点之间的腰厚,大于风筝面与亭部主刻面之间腰厚的现象(即 B>A)。见图 7-17。

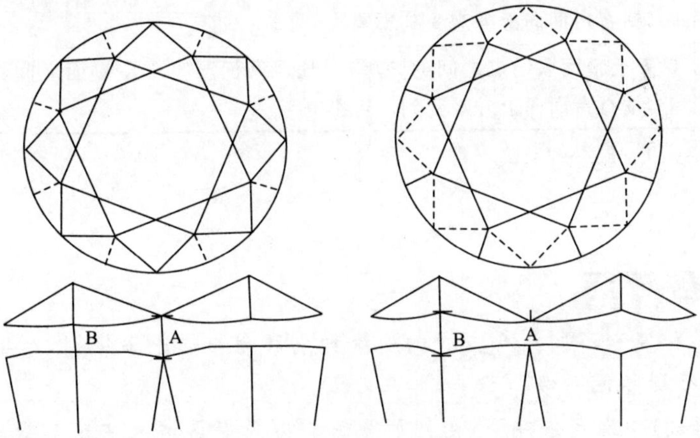

图 7-17 刷磨和剔磨示意图

(虚线为不明显棱线)

剔磨(Digging Out):上腰面联结点与下腰面联结点之间的腰厚,小于风筝面与亭部主刻面之间腰厚的现象(即 B<A)。见图 7-17。

(1)刷磨

当切磨的钻石质量处于克拉溢价的临界位时,就需要采取相应的方法使成品钻石的质量处于克拉溢价的界限之上,尤其在确定了腰棱厚度之后,刷磨几乎是惟一可以增加成品钻石质量的切磨方法。

操作方法:减小倾斜角来切磨上腰小面或下腰小面;

心得体会

目的:增加相应部位腰棱的厚度,达到增加成品钻石质量的目的。

(2)剔磨

为了提高钻石的净度级别,尽可能去除上、下腰小面浅表层的内外部特征,剔磨就是可以在保存圆钻的质量前提下,有效提高钻石净度级别的切磨方法。

操作方法:加大倾斜角切磨上腰小面或下腰小面,使上、下腰小面对应的腰围厚度变小。

目的:去除相应位置的内、外部特征,达到提高钻石净度级别的目的。

上述刷磨和剔磨虽可保留钻石的质量,但对钻石的外面有不良影响:严重的刷磨会在钻石上造成大区块同时闪光;严重的剔磨会让较大区块同时闪光,也可以使上腰刻面的区块变暗,因此,有必要依据刷磨和剔磨的严重程度进行级别划分,依据 GB/T16554 - 2010 的要求,具体划分规则如下(表 7 - 6)。

表 7 - 6　刷磨和剔磨的划分规则

级别	相应级别描述
无	钻石上腰面联结点之间的腰厚,等于风筝面与亭部主刻面之间腰厚
中等	钻石上腰面联结点之间的腰厚,对比风筝面与亭部主刻面之间腰厚有较小偏差,钻石台面向上外观没有受到可注意的影响
明显	钻石上腰面联结点之间的腰厚,对比风筝面与亭部主刻面之间腰厚有明显偏差,钻石台面向上外观受到影响
严重	钻石上腰面联结点之间的腰厚,对比风筝面与亭部主刻面之间腰厚有显著偏差,钻石台面向上外观受到严重影响

注:依据 GB/T16554 - 2010。

特别提示

(1)不同程度和不同组合方式的刷磨和剔磨会影响比率级别,严重的刷磨和剔磨可使比率级别降低一级。

(2)依据 10×放大条件下,由侧面观察腰围最厚区域来决定其级别。

五、修饰度及其评价

基本概念

修饰度(Finish):对钻石抛磨工艺的评价,分为对称性和抛光两个方面进行评价。

对称性(Synometry):对切磨形状,包括对称排列、刻面位置等精确程度的评价。

抛光(Polish):对切磨抛光过程中产生的外部特征影响抛光表面完美程度的

评价。

修饰度是指钻石抛磨工艺优劣程度，是评价钻石切工优劣的另一个重要因素。

1. 影响对称性的因素

我国《钻石分级标准》中规定了 14 种影响对称性的要素特征：

(1)腰围不圆；

(2)台面偏心；

(3)底尖偏心；

(4)冠角不均；

(5)亭角不均；

(6)台面与腰部不平行；

(7)腰部厚度不均；

(8)波状腰；

(9)冠部与亭部刻面尖点不对齐；

(10)刻面尖点不尖；

(11)刻面缺失；

(12)刻面畸形；

(13)非八边形台面；

(14)额外刻面。

基本概念

抛光纹：指钻石抛光不当造成的细密线状痕迹，在同一刻面内相互平行。

2. 对称性级别划分规则

依据我国《钻石分级标准》规定，标准圆钻型钻石的对称性级别分为：极好、很好、好、一般、差 5 个级别，具体划分原则见表 7-7。

表 7-7　对称性级别划分原则表

级别	英文(简写)	相应级别划分标准
极好	Excellent (EX)	10×放大镜下观察，无或很难看到影响对称性的要素特征
很好	Very Good (VG)	10×放大镜下台面向上观察，有较少影响对称性的要素特征
好	Good (G)	10×放大镜下台面向上观察，有明显的影响对称性的要素特征肉眼观察，钻石整体外观可能受影响
一般	Fair (F)	10×放大镜下台面向上观察，有易见的、大的影响对称性的要素特征。肉眼观察，钻石整体外观受到影响
差	Poor (P)	10×放大镜下台面向上观察，有显著的、大的影响对称性的要素特征。肉眼观察，钻石整体外观受到明显的影响

注：依据 GB/T16554-2010。

3. 影响抛光级别的因素

我国《钻石分级标准》中规定了9种影响抛光级别的要素特征：

(1)抛光纹；

(2)划痕；

(3)烧痕；

(4)缺口；

(5)棱线磨损；

(6)击痕；

(7)粗糙腰围；

(8)“蜥蜴皮”效应；

(9)粘杆烧痕。

基本概念

“蜥蜴皮”效应：已抛光钻石表面上呈现透明的凹陷波浪纹理，其方向接近解理面的方向。

4. 抛光级别划分规则

依据我国《钻石分级标准》(GB/16554－2010)规定，标准圆钻型钻石的抛光级别分为：极好、很好、好、一般、差5个级别，具体划分原则见表7－8。

表7－8 抛光级别划分规则表

级别	英文(简写)	相应级别划分标准
极好	Excellent (EX)	10×放大镜下观察，无至很难看到影响抛光的要素特征
很好	Very Good (VG)	10×放大镜下台面向上观察，有较少影响抛光的要素特征
好	Good (G)	10×放大镜下台面向上观察，有明显的影响抛光的要素特征。肉眼观察，钻石光泽可能受影响
一般	Fair (F)	10×放大镜下台面向上观察，有易见的影响抛光的要素特征。肉眼观察，钻石光泽受到影响
差	Poor (P)	10×放大镜下台面向上观察，有显著的影响抛光的要素特征。肉眼观察，钻石光泽受到明显的影响

注：依据GB/T16554－2010。

教你一招

观察的抛光纹方法

观察时不要直接观察表面，因为有时表面发光会使抛光纹不明显。通常观察抛光纹理想的方法是在10×放大镜下，通过台面观察亭部各面，因为穿过钻石观察对面刻面是最不容易造成反光。

练一练

仔细观察下面的图示，判断它们属于何种对称性偏差。

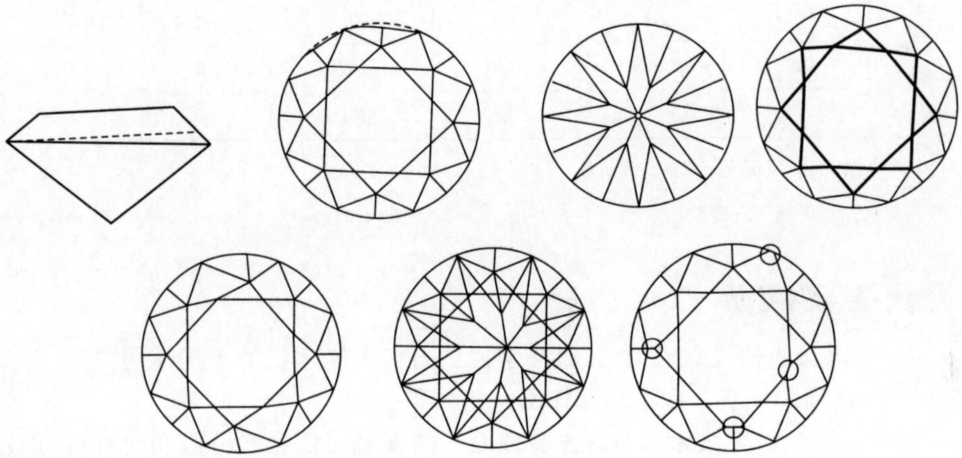

你知道吗？

3EX 切工是什么含义？

3EX：抛光，对称，切工比率都是 Excellent（完美），这是钻石切工中最好的切工，3EX 切工切割出来的钻石能使钻石的色散更加璀璨夺目，切工因素占钻石价值的 40%。

六、切工级别的划分

标准圆钻型的钻石成品最终切工级别将根据其比率级别、修饰度（对称性级别、抛光级别）进行综合评价。

其中，比率级别主要采用全自动钻石切工测量仪以及各种微尺、卡尺直接对各比率项目进行测量后，对照比率分级表（附录一），以全部比率项目中的最低级别来确定待分级钻石的最终比率级别。

修饰度级别以待分级钻石的对称性级别和抛光级别来确定，取两者中较低级别作为其修饰度级别，因此，修饰度级别同样分为：极好（Excellent，简写为 EX）、很好（Very Good，简写为 VG）、好（Good，简写为 G）、一般（Fair，简写为 F）、差（Poor，简写为 P）5 个级别。

待测标准圆钻型的钻石成品的切工级别依据表 7－9 得出：

表 7-9 切工级别划分规则表

切工级别		修饰度级别				
		极好 EX	很好 VG	好 G	一般 F	差 P
比率级别	极好(EX)	极好	极好	很好	好	差
	很好(VG)	很好	很好	很好	好	差
	好(G)	好	好	好	一般	差
	一般(F)	一般	一般	一般	一般	差
	差(P)	差	差	差	差	差

注:依据 GB/T16554-2010。

特别提示

(1)钻石分级的专业人员,应熟练掌握钻石切工比例仪的正确使用方法,并具备 10×放大镜目测切工比率和修饰度的能力和技巧。

(2)应由 2～3 名技术人员独立完成同一待测钻石的抛光分级和对称性分级,并达成统一的结果。

七、花式切工钻石

花式切工又称异形钻,主要包括 8 种类型:椭圆型钻、心型钻、梨型钻、橄尖型钻、公主方型钻、祖母绿型钻、长方型钻、玫瑰型钻(图 7-18),还有一些特殊的琢

公主方型钻　　心型钻

图 7-18 各种花式切工钻石

型也属于此类，比如物体、动物和人物形态的琢型（图 7－19）。对于花工切工钻石来说，重要的不是它的切工比率，而是它的修饰度。

图 7－19　动物和人物形态的钻石琢型图

(1)重要的是轮廓，不用考虑底尖，腰棱厚薄和冠角等；
(2)观察外部轮廓，各种琢型长宽比例是否协调，仅描述缺陷；
(3)花式切工的亭深，对心型和梨型如出现领带效应，说明亭部太深。

练一练

下面花式琢型有多少个刻面？

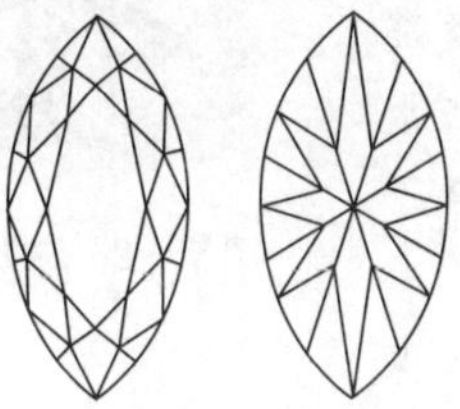

橄尖型钻

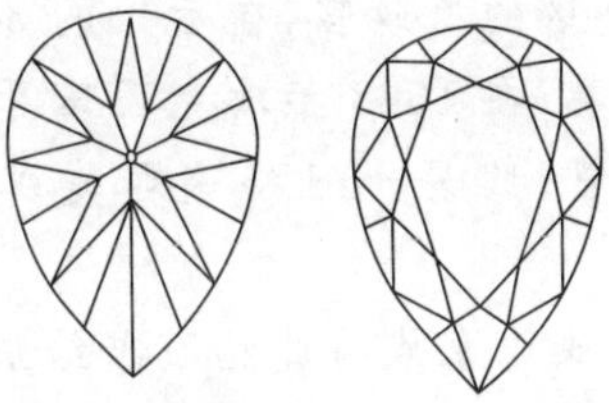

梨型钻

冠部：____亭部：____　　冠部：____亭部：____

特别提示

不论什么款型钻石，4C 评定标准是不变的，即净度、色级、切工、质量。当然在具体执行这个标准时，一般都会根据各种款型不同，评定依据略有调整，然后作出客观公正的评定。

八、切工对其价格的影响

切工是“4C”分级中对钻石价值影响较大的因素，而目前我国钻石消费者对此不太重视，因此一些珠宝商往往将颜色和净度尚好，但切工低劣的钻石销售给消费者，并由此给消费者带来损失，下列标准可供在钻石营销时参考：

(1)若台面不是正八边形，价格减 2%～15%；

(2)若腰部太厚，价格减 5%～10%；

(3)若腰部太薄，价格减 2%～25%；

(4)冠部的对称程度失调，价格减 5%～15%；

(5)刻面不对称，价格减 2%～5%；

(6)刻面边棱不直，价格减 2%～25%；

(7)亭部太浅，价格减 15%～50%；

(8)亭部太深，价格减 10%～30%；

(9)冠部太薄，价格减 5%～20%；

(10)冠部太厚，价格减 5%～15%。

上述 10 个方面对钻石价格的影响范围较宽，具体取决于切工级别，同时，参照钻石的亮度和色散程度，从而确定钻石的价格。

名钻赏析

"康德钻石"

"康德钻石"(图 7－20)，重 50ct，为桃红色，因其罕见的颜色闻名于世。它的美名原是人们对拥有它主人的尊称。生于 17 世纪的康德王子 17 岁就成为法国伯冈底地区的执政官，在后来的 30 年里，他屡建征战，功勋显赫，在 1643 年攻克西班牙的战役中立下大功，作为奖赏，路易十三将这颗美丽的钻石赠给了康德。

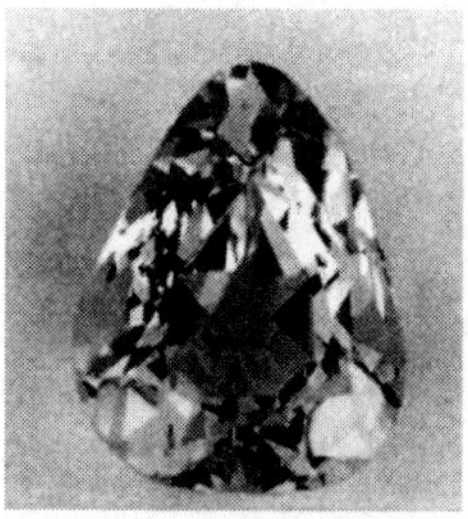

图 7－20 "康德钻石"

1892 年，康德家族将此钻石献给法国政府代为保管，并约法不得带出位于香特丽的康德博物馆。

第二节 钻石"八心八箭"的切工及评价

基本概念

"八心八箭"：是指圆形裸钻在特殊的观赏镜下，台面向上可看见八支箭形，台面向下会呈现八个心形，简称 H&A(Heart & Arrow) 或八心八箭丘比特切工(图 7－21)。

"八心八箭"(也称丘比特切工)切工，英文专有名词 H&A，全称是 Heart & Arrow，是 1977 年日本人 Shigetomi 最早研发出的切工方法，1999 年开始流行于韩国、中国以及美国等地，"八心八箭"聚一体，比喻"邂逅、钟情、暗示、梦幻、初吻、

图 7-21 八心八箭/丘比特切工

缠绵、默契、山盟”等八个美丽意境，赋予了钻石独有的爱情意义。目前，八心八箭切工的钻石已成为市场宠儿。

这种琢型是在钻石的标准圆钻型基础上加以改进而成的。当该琢型的钻石台面朝上时，透过“八心八箭”观察镜，可以看到八个“箭”形(刻面反射而成)；台面朝下时，出现八个“心”形，被钻石商喻为“丘比特爱神之箭”，与传统的标准圆钻型切工相比，这种切工的钻石要多损失 10%～15%的原石。

一、观察方法

“八心八箭”的图形是由底部主刻面的反射形成，底部主刻面反射到对面的下腰刻面，两个反射就成了一个心的图案，8 个底部刻面和 16 个下腰刻面，对应起来形成了八个“心”。

八心八箭的形态只能够通过专用的“八心八箭”观察镜(图 7-22 至图 7-24)看到，肉眼是不可能看到的。市面上的“八心八箭”目视镜有许多款式，有一种是电子仪器型的目视镜，可以从计算机屏幕看到八心八箭的形态，并会有动态的白光火光闪光表现。

图 7-22 八心八箭观察镜

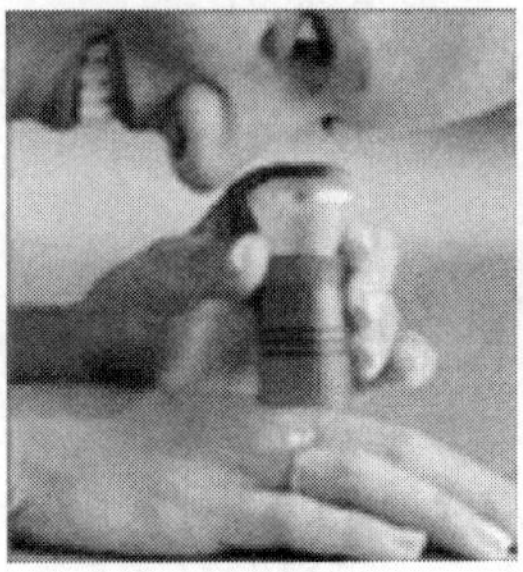

图 7-23 观察方法示意图

为了达到“心和箭”切工要求，钻石必须满足极其严格的条件，第一，钻石的对称性必须非常完美，因为任何一点小的偏差或缺陷都可能破坏这种效果；第二，切工比例和角度必须符合一些精确的参数条件(参数如下)。

台宽比：54%～58%

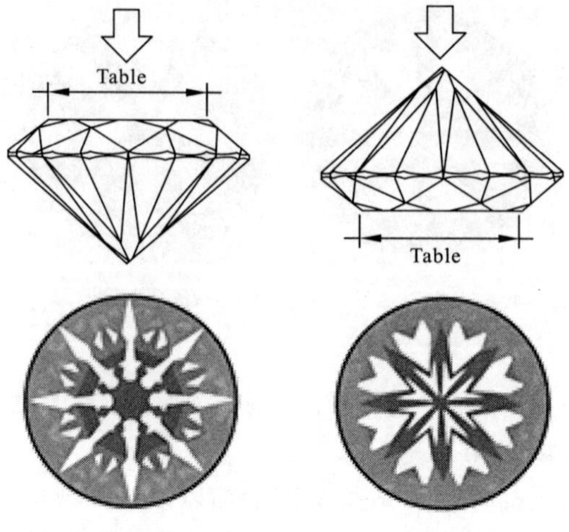

钻石台面朝上
八箭图

钻石台面朝下
八心图

图 7－24 “八心八箭”的观察视角

冠高比：14%～16%
亭角：34°～35°
腰厚比：2.5%～3%
亭深：43%
冠角：40.8°～41.1°
（数据来源：HRD）

你知道吗？

目前，中国已迅速发展成为全球第四大钻饰品消费国。每年在中国进行加工的钻石总量达 600 万 ct 至 650 万 ct，总价值约 15 亿美元，而且钻石加工能力达到世界一流水平。

营销知识储备

“九心一花”钻石

“九心一花”钻石是谢瑞麟（TSL）与拥有超过 45 年切磨钻石经验的国际钻石看货商蓝玫瑰（Rosy Blue）以 3 年时间，在“八心八箭”的基础上开发出来的。“九心一花”图案的天然钻石，每颗由冠部的 37 个刻面及亭部的 63 个刻面组成，共有 100 个切割面（图 7－25）。

每颗“九心一花”钻石，从正面观看，均呈现出完美对称的“九心”，并围绕着中间的花形图案。其中九个完美的心，代表着长久而永恒的爱；而中间的“一花”，则象征惟一的挚爱。

图 7-25 切工为“九心一花”的钻石

二、评价标准

“八心八箭”切工的评价标准：角度比例、对称性、镜面反射，通常依据心、箭的外观形态是否美观完整，作为评价依据，具体见表 7-10。

表 7-10 “八心八箭”切工的评价参考图表

不完美	不完美	不完美	不完美	完美八箭
箭型肥大	不规则箭型	部分箭型缺失	部分箭头缺失	均匀对称

不完美	不完美	不完美	不完美	完美八心
心型变形	部分心型破裂	部分心型未成形	心型比例不均	均匀对称

切工是衡量钻石价值四个因素之一，有许多种切割方式，可以呈现出不同图案，“八心八箭”和“九心一花”等只是不同切工呈现出的效果，并不表明“八心八箭”和“九心一花”是最完美或最佳切工，只因这种营销推广方式收效显著而成为时尚潮流，不排除以后会出现新的切工(图 7-26、图 7-27)。

图 7－26　一枚“八心八箭”切工的钻戒

图 7－27　比例为“优”的“58 翻面琢型”钻石

本章练习题

1. 圆明亮琢型的比例评价标准是什么？

2. 钻石切工分级包括哪些内容，如何对一颗琢型是标准圆钻型的钻石进行切工分级？

实习四 钻石切工分级

一、实习目的

(1)学习在钻石切工比例仪下测量钻石切工比率的方法。

(2)掌握钻石切工对称性、腰棱条件、底尖状况及抛光情况的观察方法。

(3)掌握 10×放大镜下全面评价钻石切工质量好坏。

二、实习工具及标本

(1)10×放大镜、钻石灯、镊子、托盘、钻石切工比例仪、“八心八箭”观察镜。

(2)标准圆钻型标本 25 粒,“八心八箭”标本 10 粒,花式切工标本 5 粒。

三、实习内容及步骤

(1)利用钻石切工比例仪对标准圆钻型钻石进行切工比例的准确测量。

(2)利用 10×放大镜,确定圆型钻石的切工比例,并且评价切工的对称性。

(3)利用 10×放大镜,观察花式琢型,并素描其轮廓。

(4)利用 10×放大镜,观察成品钻石的腰棱和底尖大小。

(5)利用“八心八箭”观察镜,观察“八心八箭”切工钻石的八心八箭的形态,并加以评价。

第八章　钻石的质量分级

学习目标

熟练掌握钻石质量的分级方法和步骤，能够运用质量分级方法和原理对钻石进行质量分级，为钻石商贸交易提供可靠的鉴定评价依据。

在钻石4C分级中最重要而又较为简单的就是质量分级，通常以直接使用电子天平称量为准。

你知道吗？

我国钻石分级标准(GB/T16554－2010)适用范围为：未镶嵌抛光钻石及镶嵌抛光钻石，其中未镶嵌抛光钻石质量大于等于0.040 0g(0.20ct)；镶嵌抛光钻石质量在0.040 0g(0.20ct，含)至0.200 0g(1.00ct，含)之间；质量小于0.040 0g(0.20ct)的未镶嵌抛光钻石及镶嵌抛光钻石、质量大于0.200 0g(1.00ct)的镶嵌抛光钻石可参照本标准执行。

知识链接

重量是受作用后的，重量和质量不同，在地球引力下，重量和质量是等值的，但是度量单位不同：国际单位制中重量是重；国际单位制中质量的单位是千克(kg)。质量为1kg的物质受到外力1牛顿(N)时所产生的重量称为1kg重。一般常用质量单位来代替重量，隐含乘以重力加速度。

一、钻石的质量单位

1. 克(g)

我国法定计量单位，钻石的质量用“克”表示时，要求精确到0.000 1g。1g＝5ct。

2. 克拉(ct)

国际通用的宝石质量单位，源于地中海角豆树(Carab)的干果(图8－1)。因为这种干果每颗质量都非常相近，约0.205g，所以过去被人们用做称量钻石的砝码。

1ct＝0.2g＝200mg

3. 分(pt)

国际通用的宝石质量单位，多用于小于1ct钻石质量的计量。

1ct＝100pt

4. 格令(grain)

国际通用的宝石质量单位，主要用于钻石批发中。

1格令＝1/4ct(0.25ct)＝25pt

图8-1 角豆树(Carab)的种子

5. 粒/ct

钻石的批发贸易中，对于碎钻也用每克拉多少粒来表示其质量，如每克拉20粒表示：每粒钻石的平均质量约为5pt。

你知道吗?

克拉的由来

克拉作为质量单位，起源于欧洲地中海边的一种角豆树的种子。角豆树盛开淡红色的花朵，豆荚结褐色的果仁，长约15cm，可用来制胶。角豆树有一个奇特的现象，无论长在何处，它所结的果仁，每一颗质量均一致。在历史上这种果实被用来作为测定质量的砝码，久而久之便成了一种质量单位，用它来称贵重和细微的物质。直到1907年国际上商定为宝石的计量单位，沿用至今。

二、钻石的称重规则

使用分度值不大于0.000 1g的天平称量，质量数值保留至小数点后第四位。换算成克拉质量时，保留至小数点后第二位，小数点后第三位数除了“9”外，一律舍去，即第三位“逢九进一”。

知识链接

分度值：在计量器具的刻度标尺上，最小格所代表的被测尺寸的数值叫做分度值，分度值又称刻度值。

三、常用钻石质量计算公式(质量单位：ct，长度单位：mm)

标准圆钻型：质量＝平均直径^2×全深×K(K＝0.006 0～0.006 2)

＝腰围最大直径×腰围最小直径×全深×K

椭圆型钻：质量＝平均直径^2×高度×0.006 2

心型钻：质量＝长×宽×高×0.005 9

表 8－1　钻石全深比与 K 值的对应关系表

钻石全深比	对应的 K 值
<58%	0.006 0
58%～63%	0.006 1
>63%	0.006 2

注：K 的平均值为 0.006 1。

祖母绿型钻：质量＝长×宽×高×0.008 0(长∶宽＝1.00∶1.00)
＝长×宽×高×0.009 2(长∶宽＝1.50∶1.00)
＝长×宽×高×0.010 0(长∶宽＝2.00∶1.00)
＝长×宽×高×0.010 6(长∶宽＝2.50∶1.00)

橄尖型钻：质量＝长×宽×高×0.005 65 (长∶宽＝1.50∶1.00)
＝长×宽×高×0.005 80 (长∶宽＝2.00∶1.00)
＝长×宽×高×0.058 5(长∶宽＝2.50∶1.00)
＝长×宽×高×0.005 95 (长∶宽＝3.00∶1.00)

梨型钻：质量＝长×宽×高×0.006 15 (长∶宽＝1.25∶1.00)
＝长×宽×高×0.006 00 (长∶宽＝1.50∶1.00)
＝长×宽×高×0.005 90 (长∶宽＝1.66∶1.00)
＝长×宽×高×0.005 75 (长∶宽＝2.00∶1.00)

练一练

填空

(1)1ct＝______格令；

(2)1g＝______ ct；

(3)30.359ct 应该写成______ ct；

(4)50pt ＝______格令；

(5)钻石的法定质量单位为______，精确度为______。

(6)换算成克拉时应该保留小数点后几位有效数字？

(7)质量在什么范围内，可以进行钻石分级？

四、钻石称重使用的工具

常用工具：电子天平、台式电子秤、克拉天平、卡尺、量规等(图 8－2)。

五、标准圆钻型钻石的直径与建议克拉质量对照表

对于钻石(标准圆钻型)，可根据其腰围平均直径查出其建议克拉质量(附录二)，其中常见的建议克拉质量与钻石(标准圆钻型)的平均直径对照关系见表 8－2。

心得体会

电子天平、台式电子秤

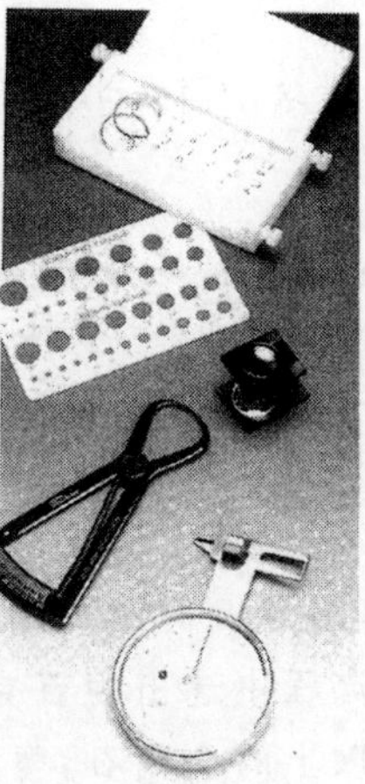

（自下而上）
度盘量规
摩氏（Moe）量规
辛氏（Schindler）量规
孔型量规
合成立方氧化锆比色石

图 8-2 常用钻石称量工具

表 8-2 常见标准圆钻型钻石平均直径与建议克拉质量对照表

平均直径(mm)	建议克拉质量(ct)	平均直径(mm)	建议克拉质量(ct)
3.0	0.10	5.2	0.50
3.8	0.20	5.5	0.60
4.1	0.25	5.8	0.70
4.4	0.31	6.5	1.00
4.8	0.40	7.7	1.70

注：依据 GB/T16554-2010。

基本概念

直径(diameter)：钻石腰部圆形水平面的直径。其中最大值称为最大直径，最小值称最小直径。

$$平均直径=\frac{最大直径+最小直径}{2}$$

建议克拉质量：标准圆钻型切工钻石的平均直径所对应的建议克拉质量。

你知道吗?

我国历史上有记载的四颗百克拉以上钻石

1. 常林钻石

重 158.786ct。发现于 1977 年 12 月 22 日在山东省临沭县(常林大队)。现存于中国人民银行。

2. 陈埠一号

重124.27ct。1981年8月15日在山东郯城陈埠发现。国家建材局上海华东物资管理处收购。

3. 蒙山一号

重119.01ct。1983年11月14日在山东蒙阴701钻石矿发现。1984年4月，国家建材局上海华东物资管理处按统货价格168元/ct,共计19 993.68元的价格收购。“蒙山一号”钻石是目前国内原生矿最大的产品。

4. 蒙阴特大金刚石(未命名)

重101.469 5ct。2006年5月27日在山东蒙阴701钻石矿生产线上发现。这是我国首次在工业选矿流程中选出的百克拉以上的金刚石，也是我国第二颗从原生矿石中选出的百克拉以上的金刚石，暂存于中国人民银行。

本章练习题

1. 钻石的称重规则是什么?
2. 钻石的质量单位有哪些,相互换算关系是什么?
3. 标准圆钻型的钻石质量计算公式是什么?

实习五 钻石质量分级

一、实习目的

通过实验，了解钻石质量分级的意义及各种测量仪器的使用方法。

二、实习工具及标本

各种量规、钻石筛、手持克拉秤、台式克拉秤、镊子、托盘及钻石标本 30 粒（圆钻型 15 粒、各种异型钻石 15 粒）。

(1)电子天平：精确测重，精度可达小数点三位之后。

(2)千分尺：较准确。

(3)手持天平：不太精确。

(4)孔径量规：测量钻石的直径后对照其相应质量可估算出钻石的克拉质量。

(5)对照量规。

三、实习内容

(1)按照钻石的称重原则，运用电子天平分别测量 30 粒钻石标本，以克拉(ct)为单位记录，注意单位的换算。

(2)选择适当的量具，分别测量 10 粒圆钻型钻石，异型钻石 5 粒运用相关公式计算出钻石质量，同时运用电子天平称重测量，进行验证。

(3)使用手持天平，分别以克(g)和克拉(ct)测量 30 粒钻石标本，并记录，注意单位之间的相互换算。

第九章　镶嵌钻石分级规则

学习目标

熟练掌握镶嵌钻石的颜色、净度、切工、质量的分级方法和步骤。运用分级方法和原理对镶嵌钻石进行 4C 分级，为商贸交易提供可靠的鉴定评价依据。

1996 年，国家质量检验检疫总局开始根据我国钻石市场的实际情况，制定了镶嵌钻石的分级规则——“镶嵌钻石品质分级规则”，体现了我国钻石首饰市场的需求（表 9－1）。

表 9－1　镶嵌钻石品质等级表（GB/T16554－1996）

颜色＼净度		无瑕 LC	极微瑕 VVS	微瑕 VS	瑕疵 SI	重瑕疵 P
优白	D	极好	极好	很好	好	一般
	E					
	F					
	G					
优白	H	极好	很好	好	好	一般
	I					
	J					
优白	K	很好	好	较好	一般	一般
	L					
	M					
	N					

2003 年，国家质量检验检疫总局对原来的镶嵌钻石分级规则作了一些调整，取消了镶嵌钻石的品质等级，增加了切工的内容，同时对颜色的内容也做相应调整，2010 年，重新修订的钻石分级国家标准（GB/T16554－2010）继续采用 GB/

心得体会

T16554－2003的镶嵌钻石分级规则，具体如下。

一、镶嵌钻石的颜色级别

镶嵌钻石颜色的确定与裸钻一样都是采用比色法进行分级的，共分为7个级别(表9－2)。

表9－2　镶嵌钻石颜色等级对照表(GB/T16554－2010)

<table>
<tr><td>镶嵌钻石颜色等级</td><td colspan="2">D—E</td><td colspan="2">F—G</td><td>H</td><td colspan="2">I—J</td><td colspan="2">K—L</td><td colspan="2">M—N</td><td><N</td></tr>
<tr><td>对应的未镶嵌钻石颜色级别</td><td>D</td><td>E</td><td>F</td><td>G</td><td>H</td><td>I</td><td>J</td><td>K</td><td>L</td><td>M</td><td>N</td><td><N</td></tr>
</table>

特别提示

镶嵌钻石颜色分级注意事项

(1)颜色分级应考虑贵金属托对钻石颜色的影响，通常白色的钻石用白色的金属镶嵌，而带黄色的钻石则用黄色的金属镶嵌，这样会使钻石的颜色显得淡一些。

(2)比色时最好用与镶嵌金属相同颜色的钻石爪或镊子夹住比色石，与镶嵌钻石比较相同的部位。

(3)因为底尖被遮挡，不容易比较，往往是比较腰部甚至台面(包镶时)此时要注意钻石大小对颜色的影响。

(4)因为镶嵌钻石不容易比色，所以其色级等级是一个较宽的范围。

二、镶嵌钻石的净度级别

镶嵌钻石的净度分级方法与未镶嵌钻石的净度分级方法类似，因为镶嵌的缘故，在10×放大镜下镶嵌钻石净度分为：LC、VVS、VS、SI、P 5个大级别，不再详细分为11个小级别。

特别提示

镶嵌钻石的分级要充分考虑镶嵌部位对钻石内外部特征的遮挡影响，所以只定大级不分小级，而对LC级及VVS级的确定要倍加细致小心，原则上建议不定LC级。

三、镶嵌钻石的切工测量与描述

对满足切工测量的镶嵌钻石，采用10×放大镜目测法，测量台宽比、亭深比等比率要素，一般比率写级别范围，如台宽比53.0％～66.0％，亭深比40.0％～41.0％。

对满足切工测量的钻石采用10×放大镜目测法，对影响修饰度的要素加以描述，通常只描述比较严重的修饰度偏差。

四、镶嵌钻石的质量

在钻石镶嵌之前，加工厂将钻石的质量称量，待镶嵌完成后，将钻石的质量直接打印在金属托上，但该质量只能作为参考值，除非将钻石拆下重新称量。

对于未将钻石质量标出的，如果钻石高度无法测量我们可以根据其腰部平均直径的公式来估算出它的近似质量：

质量＝(平均直径/6.5)×3

营销知识储备

钻石的收藏与投资前景预测

与黄金、铂金类似，从1800年至今，钻石一直被认为是最值得购买和投资的珠宝品种，特别是近100年来，全球钻石的价格几乎呈现出跳跃式增长。

目前，在香港、台湾等地区，大部分收藏家已经开始将目光转向了5ct以上的精品钻石，那些成色、切工、净度优异的钻石成为了他们追崇的目标。而在内地，在市场尚未完全成熟时，可以先购买1至3ct的钻石进行投资。

国内已先后有包括上海钻石交易所以及一些钻石首饰提供商在内的机构提供钻石回购的业务，按照北京某钻石商场推出钻石回购的标准规定："钻石产品自购买之日起3年以上(含3年)，参照国际钻石市场价格进行现金回购，最低以该钻石商品原价现金回购"。规定中的钻石是指那些重量在0.5ct以上，颜色、净度、切工等方面没有明显缺陷的优质钻石。

可以预见，随着钻石投资的进一步发展和国内钻石回购业务的逐步开展，今后国内投资者将在现有的投资基础上拥有更多的选择，而高回报低风险的钻石投资无疑将日益受到关注。

本章练习题

1. 镶嵌钻石的净度级别有哪些？
2. 镶嵌钻石的颜色级别如何划分？

实习六　钻石4C综合分级

一、实习目的

(1)熟悉用10×放大镜鉴别钻石及其仿制品。

(2)对钻石进行4C系统训练,全面掌握钻石颜色、净度、切工、质量的分级方法,通过实验在较短时间内达到快速鉴别钻石与仿钻。

(3)用10×放大镜鉴别优化处理钻石(激光钻孔、裂隙充填)。

二、实习工具及内容

(1)10×放大镜、镊子、比色槽、比色板、钻石灯、钻石布、托盘、酒精、棉花。

(2)标本30粒。

三、注意事项

(1)4C实验是系统实习,要求熟悉掌握钻石分级的各部分内容,并且在实验中逐渐加快分级速度,达到熟练分级目的。

(2)在实验标本中有各种钻石仿制品,注意鉴别,尤其是异型切工的钻石仿制品的鉴别。

(3)注意优化处理的钻石鉴别并给出鉴定依据。

(4)注意钻石原石的准确观察和描述。

第十章　钻石分级证书

学习目标

了解钻石分级证书的作用和意义，熟练掌握钻石分级证书的主要内容以及证书的认证标志。学会向顾客解释钻石证书中的每一项内容，为营销商贸提供可靠的鉴定评价依据。

由于钻石首饰的特殊价值，人们对它最基本的要求就是货真价实。不考虑价格因素，最让消费者费心的问题就是：钻石饰品的真假和质量优劣。

因此，在向顾客推荐钻石饰品前，营销人员应该认真查阅钻石证书或复印件，确保消费者购买钻饰的质量。当顾客购买钻饰后，应该及时将该钻石首饰证书交给顾客，并向顾客详细解释证书内容。

基本概念

钻石分级证书(Diamond Grading Report)：又称钻石质量保证书，是由珠宝专家们经过细查钻石，并把它置于放大镜下分析它的尺寸、净度、切工、颜色、抛光、对称性以及其他的特性，从而形成的一份报告。

一、钻石分级证书的起源

美国宝石学院(Gemological Institute of America，简称 GIA)，为了能评估钻石价格，首先需要确定钻石品质，为钻石销售价格提供参考资料，从而创立了自己的钻石品质分级制度用以评估钻石的内在品质。

第二次世界大战后，GIA 在纽约创立了第一所宝石鉴定所，开始签发钻石鉴定报告，即鉴定证书，以应市场的需求。钻石鉴定证书的产生使钻石买卖发生了极大的变化，原来必须逐次鉴定品质，现在则可参考鉴定证书。

按照 GIA 的声明，其所签发的证书，如作为买卖的依据时，GIA 不负任何责任。但是由于其证书受到市场买卖双方普遍的欢迎与信任，许多珠宝商们乐于使用它们作为钻石品质的依据。证书的流通原来只在钻石商同业之间，最终到达消费者手中，不但在美国本土流行，而且遍及世界。

知识链接

美国宝石学院(GIA)概况

美国宝石学院 Gemological Institute of America(图 10-1)的创办人 Robert M. Shipley 于 1931 年在美国 Los Angeles 成立 GIA,最初是用夜校及函授方式训练珠宝商如何评估批发价,1953 年 GIA 在 New York 创立了第一所实验室,开始签发钻石鉴定报告书,而后又在加州圣塔蒙尼卡 Santa Monica 及 LA 市区设立另两个实验室,正式名称为宝石业鉴定公司 Gem Trade Laboratory . INC (GTL),GTL 隶属于 GIA 专职鉴定,不估价。GIA 是非营利事业的组织,由美国各知名的珠宝商及社会名流共同支持而设立,是美国珠宝业者所共有共享的鉴定研究机构,其附属 GTL 则提供鉴定服务。

GIA 美国网址:http://www.gia.edu

图 10-1 美国宝石学院

二、钻石分级证书

钻石分级证书的目的在于使人们通过证书可以全面、详细地了解所对应钻石的品质,确保钻石首饰的真实性和可靠性,发挥钻石分级证书在保护市场、维护消费者权益方面的积极作用,钻石分级证书是具有一定法律效力的。

特别提示

钻石分级报告不包括估价或者任何涉及钻石金钱价值的陈述,只是按照《钻石分级标准》(4C 分级)陈述它所对应钻石饰品的客观特征。

钻石的鉴别与分级是有一套标准化的鉴定标准,因此各种钻石鉴定分级证书均由经过系统认证的珠宝检测机构签发。目前,我国各地珠宝检测站、检测中心出具的证书,虽然从形式到内容方面还存在着一些差异,但总体而言,必须符合以下基本要求。

1. 出具证书的单位和人员

(1)钻石的鉴定与分级机构

钻石的鉴定与分级证书的出具是一项技术性极强的工作,必须具备标准的检测设备和良好的环境,同时还需要得到国家质量检验检疫总局及国家实验室管理部门的认可,获得相关资质,方可进行钻石鉴定与分级,目前国内能具备这些条件的单位大致有:

1)有关高等院校:如中国地质大学、北京大学等;

2)国家质量技术监督部门:如国家珠宝质量检测中心、国家首饰质检中心等;

3)地质矿产部门的有关单位;

4)相关从事宝玉石研究的少数科学研究所等。

(2)出具证书的人员

钻石的鉴定与分级人员,必须经过专门的培训,并获有关权威资格证书。目前国际上权威的钻石鉴定师资格证书有:GIA 证书,HRD 证书、DGA 证书等,我国已有数千人经过专门培训,获得上述相关证书。

自 1997 年起,我国推出了自已的国家注册珠宝玉石质量检验师制度,只有取得国家注册珠宝质量检验师执业资格证书的专业人员才能出具钻石鉴定与分级证书。为了确保鉴定与分级结果的准确性和公正性,每件钻石饰品都要由两人或三人(鉴定人员和审核人员)按照同一个操作程序各自检测一遍,结果取得一致,并在钻石鉴定证书上签名。

知识链接

国家注册珠宝玉石质量检验师制度

我国对珠宝玉石质量检验专业实行执业资格制度,纳入全国专业技术人员执业资格制度统一规划的范围。珠宝玉石质量检验专业技术人员执业资格名称为珠宝玉石质量检验师(以下简称“质量检验师”),质量检验师是指经全国统一考试合格,取得质量检验师执业资格证书(图 10－2),并经注册从事该业务活动的专业技术人员。人事部和国家技术监督局负责制定、颁布负责全国珠宝玉石质量检验专业技术人员执业资格制度。人事部授权国家技术监督局负责全国珠宝玉石质量检验专业技术人员执业资格制度的组织实施工作。人事部对其进行指导、监督、检查。凡从事珠宝玉石质量检验的单位,必须配备具有质量检验师执业资格的专业技术人员。在与珠宝玉石相关的其他单位中,从事质量检验的专业技术人员也要取得质量检验师执业资格证书。获得质量检验师执业资格证书的专业技术人员,表

图 10－2　质量检验师证书封面

明已具备执业的能力和水平，该证书作为其从事珠宝玉石质量检验机构关键岗位工作和依法独立执行珠宝玉石质量检验业务的主要依据之一。

2. 钻石分级证书的基本内容

依据我国《钻石分级标准》(GB/T 16554－2010)的规定，钻石分级证书应该具备以下内容：

(1)钻石图片

位于证书正面，应该是所对应的钻饰或者裸钻的实物照片，拍摄并粘贴在证书上面的，应该是与所购买的实物一致的。

(2)证书编号

钻石鉴定与分级证书上均应该有证书编号，这应该是与钻饰所附价签上面的编号是一致的，这个编号是惟一的。

(3)钢印

钻石鉴定与分级证书上一定要盖有清楚的鉴定单位字样的钢印和鉴定单位的防伪标志。

(4)日期

证书上的日期，是指该钻石首饰鉴定与分级时的日期。

(5)琢型

指钻石的琢型，一般以标准圆钻型为主，也可有花式切工(或称为异型切工)等。

(6)规格尺寸

这个项目记录了钻石的最大直径以及全身各个主要部位的尺寸大小，表示方法：最大直径×最小直径×全深，以 mm 为单位。

(7)质量

证书上，裸钻的质量单位为克拉(ct)，精确到小数点后的第 3 位，也可以用克(g)作为单位。对于镶嵌钻石，通常使用其总质量。

(8)颜色等级

钻石的颜色分级，依《钻石分级标准》(GB/T16554－2010)的颜色分级原则，由完全无色的 D 到带有黄褐色的 Z，共分为 23 级。其中，D、E、F 级属于无色范围，G、H、I、J 属于接近无色范围，K、L、M 为微淡黄色，N 以下为淡黄。

(9)荧光强度级别

按钻石在长波紫外光下发光强弱，划分为“强”、“中”、“弱”、“无”4 个级别。

(10)净度等级

钻石鉴定与分级师，在 10× 的放大镜下，观察钻石的内、外部特征，可以在净度素描图上详细记录：内、外部特征的大小、数量、位置等因素，从而确定钻石的净度级别：LC(无瑕)，VVS(极微瑕)，VS(微瑕)，SI(小瑕)，P(重瑕)5 个大级别或 11 个小级别。

(11)切工分级

形状/规格：标准圆钻型规格的表示方法：最大直径×最小直径×全深。

比率：应有全深比、台宽比、腰厚比、亭深比、底尖比等参数的测量值。

修饰度级别：极好、很好、好、一般、差。

(12)检验依据

钻石分级证书还需标明所依据的国家标准，具体有：GB11887（贵金属纯度的规定及命名方法）；GB/T18043（贵金属首饰含量的无损检测方法 X 射线荧光光谱法）；GB/T16552（珠宝玉石名称）；GB/T16554（钻石分级标准）等。

3. 可选择内容

颜色坐标、净度坐标、净度素描图、切工比例截图、备注等。

图 10－3 为国家珠宝玉石质量监督检验中心的镶嵌钻石分级证书背面内容。

镶嵌钻石分级证书
QUALITY REPORT OF MOUNTED DIAMOND

检验结论 Conclusion	钻石戒指
总质量 Weight	3.3763g
形状 Shape	圆钻形
颜色级别 Color	I-J
净度级别 Clarity	VVS
台宽比 Table %	——
亭深比 Depth %	——
贵金属检测 Precious Metal	Pt950
备注 Remarks	——

检验人 Tester 毕征云　审核人 Supervisor 韩晓

图 10－3　镶嵌钻石分级证书的背面

你知道吗？

国家注册珠宝玉石质量检验师的报名条件

凡符合下列条件之一者，可报名申请参加考试：

1. 取得珠宝玉石（含地质类）专业中专学历，从事珠宝玉石鉴定检验工作满 5 年；或非本专业中专学历，从事珠宝玉石鉴定检验工作满 7 年。

2. 取得珠宝玉石（含地质类）专业大专学历，从事珠宝玉石鉴定检验工作满 2 年；或非本专业大专学历，从事珠宝玉石鉴定检验工作满 4 年。

3. 取得珠宝玉石（含地质类）专业本科学历，从事珠宝玉石鉴定检验工作满 1 年；或非本专业本科学历，从事珠宝玉石鉴定检验工作满 3 年。

4. 取得珠宝玉石（含地质类）专业硕士及以上学位，从事珠宝玉石鉴定检验工作满半年；或取得非本专业硕士及以上学位，从事珠宝玉石鉴定检验工作满 1 年。

5. 受聘担任珠宝玉石（含地质类）专业工程师及以上专业技术职务者。

6. 取得国外有较大影响的珠宝玉石检验的鉴定考试合格证书。

4. 我国的钻石分级证书上常见的认证标志

我国的钻石鉴定与分级证书上常有“CMA”、“CML”、“CNAL”标志，这些认证标志可以判断该证书的权威性、可信性。

(1)计量认证标志——“CMA”标志(图 10－4)

根据《中华人民共和国计量法》，为保证检测数据的准确性和公正性，所有向社会出具公证性检测报告的质量检测机构必须获得“计量认证”资质，否则构成违法。计量认证分为“国家级”和“省级”两级，分别适用于国家级质量监督检测中心和省级质量监督检测中心。在中国境内从事面向社会检测、检验产品的机构，必须由国家或省级计量认证管理部门会同评审机构评审合格，依法设置或依法授权后，才能从事检测、检验活动。

图 10－4 “CMA”标志

(2)国家质量审查认可的检测、检验机构认可标志——“CAL”标志(图 10－5)

具有此标志的机构有资格作出仲裁检验结论，具有“CAL”主要意味着检验人员、检测仪器、检测依据和方法合格，而具有“CAL”标志的前提是计量认证合格，即具有“CMA”资格，然后机构的质量管理等方面也符合要求，由此可以认为，具有“CAL”比仅具有“CMA”的机构，在工作质量和可靠程度方面更进了一步。

图 10－5 “CAL”标志

(3)中国实验室国家认可标志——“CNAL”标志(图 10－6)

这是“中国实验室国家认可委员会”的机构标志，当“CNAL”下面注出代号时则是某实验室被认可的标志，中国实验室认可委员会是中国惟一由政府授权、负责对实验室进行能力认可的机构。获“CNAL”认可后，由“CNAL”授权的签字人签发的报告才可以使用“CNAL”标志。“CNAL”对实验室认可依据的是国际实验室认可通行标准 ISO/IEC17025《检测和校准机构运行的通用要求》。“实验室认可”目前是国际上通行的做法，也是供方、需方乃至政府、军方、法庭等选择实验室时对实验室能力进行判断、进行信任的最有效途径。

图 10－6 “CNAL”标志

特别提示

以上三个标志任何一个都有效，特别是第一个标记“CMA”，是国家法律对检测、检验机构的基本要求。

目前，检测、检验机构不断提高自己的技术水平、检测能力和管理手段，因此很多检测机构同时具备了以上三个标志，具备了三个标志所要求的能力和水平，其出具的钻石分级证书上也印有以上三个标志，可以看成是“三保险”。

练一练

你认识下面证书的认证标志吗？

画一画

请画出“CMA”、“CML”、“CNAL”标记。

5. 其他认证标识

(1) 中国合格评定国家认可委员会认证标志——“CNAS”标志(图 10－7)

中国合格评定国家认可委员会于 2006 年 3 月 31 日正式成立，是在原中国认证机构国家认可委员会(CNAB)和原中国实验室国家认可委员会(CNAL)基础上整合而成的。它是根据《中华人民共和国认证认可条例》的规定，由国家认证认可监督管理委员会批准设立并授权的国家认可机构，统一负责对认证机构、实验室和检查机构等相关机构的认可工作。

图 10－7　国际实验室认可合作组织认证标志

(2) 国际实验室认可合作组织认证标志——“ILAC”标志(图 10－8)

国际实验室认可合作组织(ILAC)成立于 1996 年，其宗旨是通过提高对获认可实验室出具的检测和校准结果的接受程度，以便在促进国际贸易方面建立国际合作。其章程是在能够履行这项宗旨的认可机构间建立一个相互承认协议网络。中国实验室国家认可委员会(CNAL)于 2001 年 1 月 31 日与国际实验室认可合作

心得体会

组织(ILAC)签署了多边相互承认协议“ILAC-MRA”(ILAC Mutual Recognition Arrangement),并于2005年1月获得了AC批准使用“ILAC-MRA”国际互认标志的许可,这表明经过“CNAL”认可的检测实验室出具检测报告使用“CNAL”标志的同时也可使用“ILAC-MRA”标志。

图10-8 中国合格评定国家认可委员会认证标志

营销知识储备

哪一家钻石珠宝检测机构最可靠

钻石行业发展至今已形成一套较为国际化、标准化的鉴定标准,钻石鉴定证书是由第三方宝石检测机构签发的证书,会忠实地记录下所鉴定钻石品质。只要是国家法定机构认定的检测单位(具备三项认证标志之一),其出具的证书均是可靠的,他们会本着“科学、公平、公正”的原则,对每一粒钻石进行认真的鉴定。

6. 我国常见的钻石分级证书

我国珠宝市场的钻石饰品均由国际权威鉴定机构、国家级或省市级宝玉石鉴定与分级机构出具证书,其中国际权威鉴定机构:美国宝石协会(GIA)和比利时钻石高阶层议会(HRD),国家级或省市级宝玉石鉴定与分级机构至少拥有“CMA”、“CML”、“CNAL”三个认证标志中的一个,这些钻石鉴定机构都以公开、公正、公平的原则进行钻石饰品的鉴定分级。目前,我国市场常见的国内外钻石分级证书主要有:

NGTC镶嵌钻石分级证书:由国家珠宝玉石质量监督检验中心发行。

GIA钻石等级证书:由美国宝石学院(GIA)签订发行。

HRD钻石等级证书:由比利时钻石高层议会签订发行。

IGI钻石等级证书:由国际宝石学院签订发行。

GIC镶嵌钻石分级证书:由中国地质大学珠宝玉石检验中心发行。

同时,我国各省市也均有钻石分级鉴定机构。

7. 辨认钻石分级证书的真伪

钻石分级证书的真伪主要从以下几个方面进行判别。

(1)钻石分级证书必须有单独的编号、钢印及防伪标志,倘若对证书上的内容有所怀疑,可以电话查询珠宝首饰是否由该检测机构出具,上网将证书编号输入该机构的证书查询系统进行查询。

(2)钻石鉴定与分级证书上必须有该检测中心的地址、电话传真等联系方式,如果对该机构有所怀疑,可以致电当地工商部门核实这个鉴定机构是否存在。

(3)钻石分级证书必须有两个以上鉴定师的签名,签名是钻石分级师本人手签,最好不要打印。

特别提示

营销人员需要提醒顾客：购买钻饰一定要妥善保存好鉴定分级证书，将来不管是清洗、维修还是以旧换新，证书和发票一样，是必不可少的销售和质量证明。

目前，许多珠宝首饰店都开展了钻石以旧换新的业务，一般情况下，珠宝销售企业没有检验能力，也是以鉴定分级证书为依据回收旧饰品的。

本章练习题

1. 当一颗钻石出具证书时，应该包括哪些基本内容？
2. 简述钻石分级证书的作用与要求。
3. 简述钻石分级证书的认证标识和作用。

实习七 钻石分级证书

一、请逐项解释下面钻石证书。

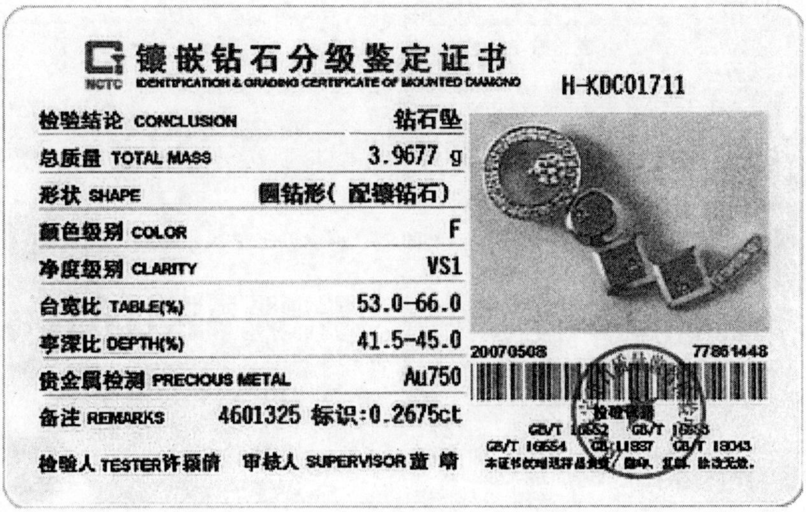

NCTC 镶嵌钻石分级鉴定证书 IDENTIFICATION & GRADING CERTIFICATE OF MOUNTED DIAMOND

H-KDC01711

检验结论 CONCLUSION	钻石坠
总质量 TOTAL MASS	3.9677 g
形状 SHAPE	圆钻形（配镶钻石）
颜色级别 COLOR	F
净度级别 CLARITY	VS1
台宽比 TABLE(%)	53.0-66.0
亭深比 DEPTH(%)	41.5-45.0
贵金属检测 PRECIOUS METAL	Au750
备注 REMARKS	4601325 标识:0.2675ct

检验人 TESTER 许颖倩 审核人 SUPERVISOR 蓝 绮

20070508 77861448

GB/T 16552 GB/T 16553 GB/T 16554 GB/T 11887 GB/T 18043

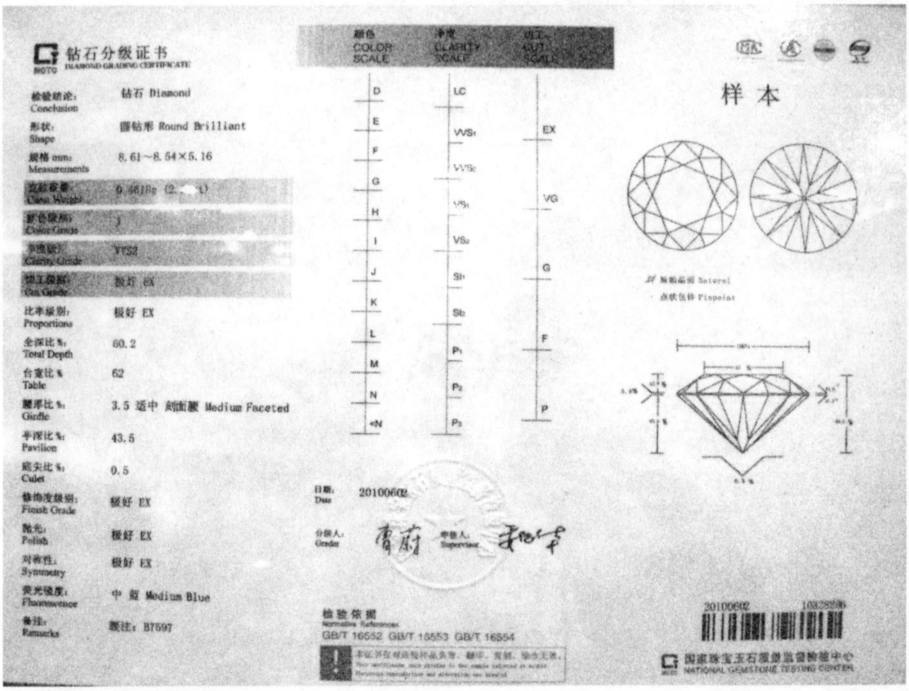

NCTC 钻石分级证书 DIAMOND GRADING CERTIFICATE

检验结论: Conclusion	钻石 Diamond
形状: Shape	圆钻形 Round Brilliant
规格 mm: Measurements	8.61~8.54×5.16
克拉重量: Carat Weight	0.4618g (2.[illegible])
颜色级别: Color Grade	J
净度级别: Clarity Grade	VVS2
切工级别: Cut Grade	极好 EX
比率级别: Proportions	极好 EX
全深比 %: Total Depth	60.2
台宽比 %: Table	62
腰厚比 %: Girdle	3.5 适中 刻面腰 Medium Faceted
亭深比 %: Pavilion	43.5
底尖比 %: Culet	0.5
修饰度级别: Finish Grade	极好 EX
抛光: Polish	极好 EX
对称性: Symmetry	极好 EX
荧光强度: Fluorescence	中 蓝 Medium Blue
备注: Remarks	腰注: B7597

颜色 COLOR SCALE: D E F G H I J K L M N <N

净度 CLARITY SCALE: LC VVS1 VVS2 VS1 VS2 SI1 SI2 P1 P2 P3

切工 CUT SCALE: EX VG G F P

样本

日期 Date: 20100602

分级人 Grader 审核人 Supervisor

检验依据 Normative References: GB/T 16552 GB/T 16553 GB/T 16554

20100602 10328[illegible]

国家珠宝玉石质量监督检验中心 NATIONAL GEMSTONE TESTING CENTER

心得体会

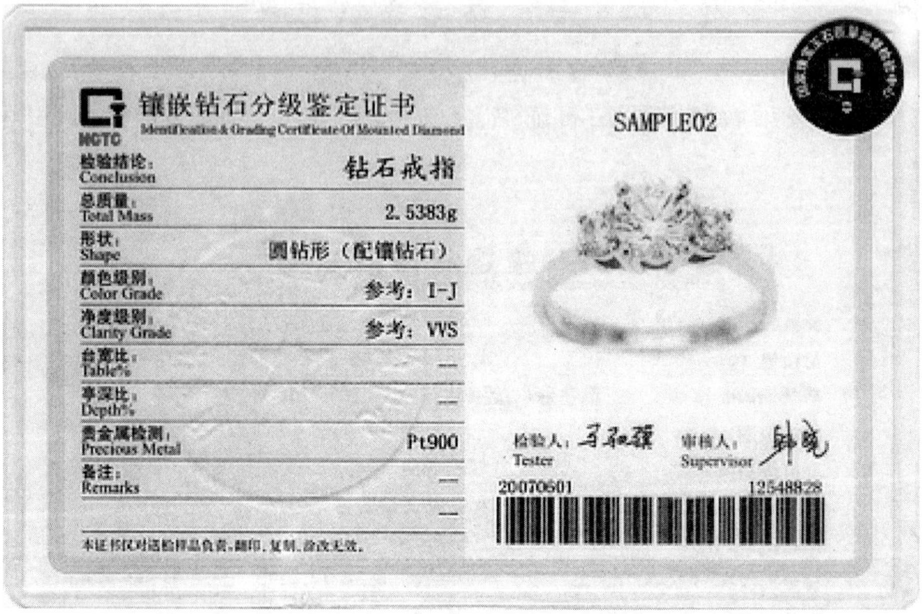

镶嵌钻石分级鉴定证书
Identification & Grading Certificate Of Mounted Diamond
NGTC

检验结论：Conclusion	钻石戒指
总质量：Total Mass	2.5383g
形状：Shape	圆钻形（配镶钻石）
颜色级别：Color Grade	参考：I-J
净度级别：Clarity Grade	参考：VVS
台宽比：Table%	—
亭深比：Depth%	—
贵金属检测：Precious Metal	Pt900
备注：Remarks	—
	—

本证书仅对送检样品负责，翻印、复制、涂改无效。

SAMPLE02

检验人：Tester　审核人：Supervisor

20070601　12548828

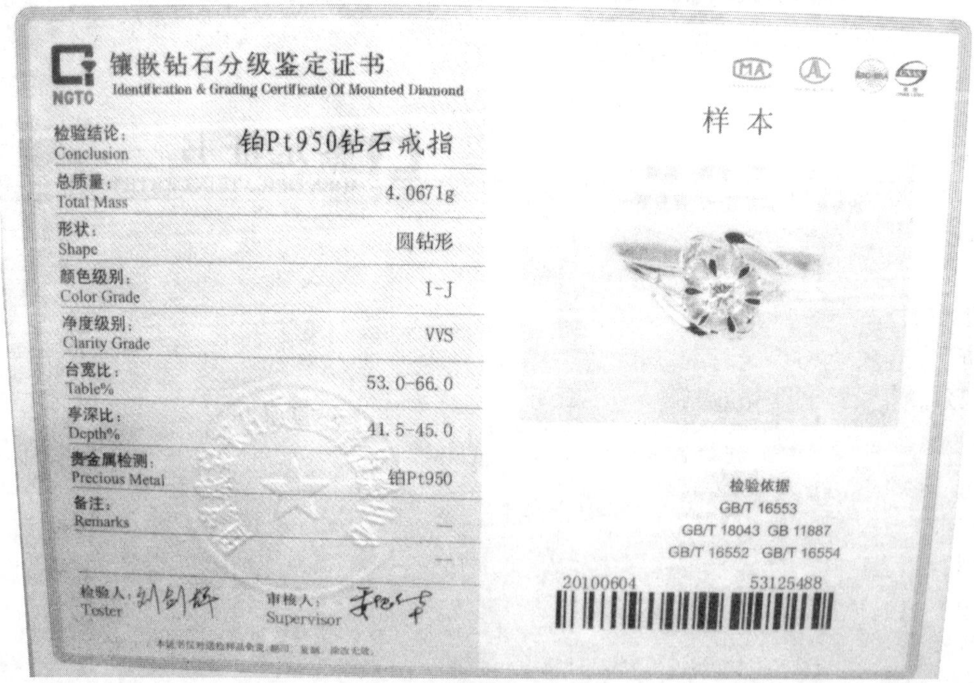

镶嵌钻石分级鉴定证书
Identification & Grading Certificate Of Mounted Diamond
NGTC

检验结论：Conclusion	铂Pt950钻石戒指
总质量：Total Mass	4.0671g
形状：Shape	圆钻形
颜色级别：Color Grade	I-J
净度级别：Clarity Grade	VVS
台宽比：Table%	53.0-66.0
亭深比：Depth%	41.5-45.0
贵金属检测：Precious Metal	铂Pt950
备注：Remarks	—
	—

检验人：Tester　审核人：Supervisor

样本

检验依据
GB/T 16553
GB/T 18043 GB 11887
GB/T 16552 GB/T 16554

20100604　53125488

二、请自己设计一份钻石分级证书。（包括证书的正、反面）

第三部分 钻石首饰的营销

第十一章 钻石的流通

学习目标

了解钻石的世界流通渠道，熟练掌握钻石首饰的主要类型，并能向顾客介绍各种钻饰的佩戴特点。

一、钻石的世界流通渠道

世界上钻石的主要流通渠道被称戴比尔斯(De Beers)的公司所垄断。该公司1888年创立，是全球最大的钻石开采和销售企业，它们在不断并购新的钻石矿的同时，还购买任何市场上可以买得到的钻坯——即被开采出来尚未经过打磨的钻石。

1930年，戴比尔斯在伦敦成立了下属钻坯销售机构——中央销售组织(CSO)，现改称为国际钻石贸易公司(DTC)，它控制着全世界60%～70%的金刚石矿山和80%的钻石统售业务，并致力于钻石开发事业，在促进钻石业发展、稳定钻石价格上起了很好的作用。图11-1为戴比尔斯钻石的主要流通框架图。

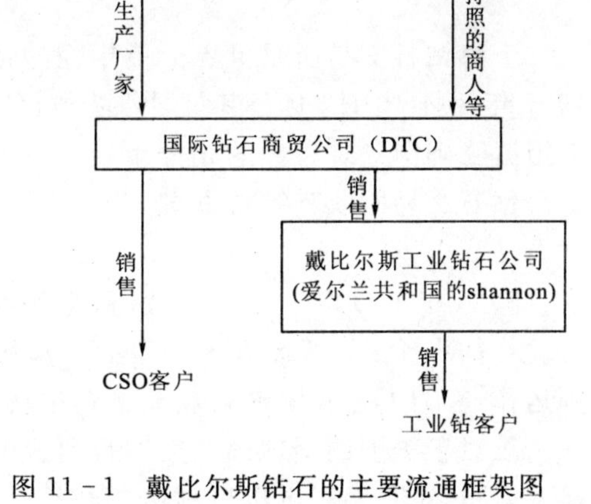

图11-1 戴比尔斯钻石的主要流通框架图

从全球各地收购来的钻石原石全部送到伦敦的国际钻石贸易公司，该机构内专门从事钻石原石分类的就有600名专业人员。工业级钻石将首先被分选出来，对宝石级钻石则依其形状、大小、品质及成色分为 3 000 多类。国际钻石贸易公司只将钻石原石售给其大约 88 位特约看货商会员(2004 年,DTC 公布),而且每年只举行 10 次钻石原石的鉴赏销售会。DTC 客户大多数来自全球四大钻石切磨中心:安特卫普、特拉维夫、纽约、孟买。这些 DTC 客户有的有自己的切磨和抛光厂,有的则是中间商,他们需要再将这些钻石原石拿到各地去交易,切磨好的钻石再被送到分布在全球各地的 29 家钻石交易所进行交易(我国是上海钻石交易所),掌握着全球 98%的合法钻石交易。

国际钻石贸易公司(DTC)另一项重要的功能就是广告宣传,它在全球各地成立钻石推广中心,每年投入 1.5 亿美元,利用广告媒体来招徕消费者,或以珠宝设计比赛等活动协助各地珠宝商促销钻石。这些活动使得世界各地钻石销售量每年不断地增长,“钻石恒久远,一颗永流传”的口号深植人心。

练一练

认真对照下面流程图,口述钻石原石的流程。

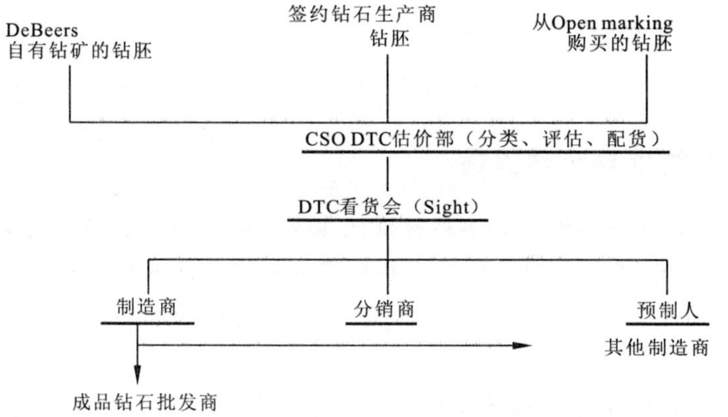

二、我国上海钻石交易所交易流程

上海钻石交易所是世界上最年轻的钻石交易所。从开始筹备至今,约 13 年。1997 年 8 月 19 日,上海市向国务院致信《关于上海钻石交易中心项目进展情况的汇报》,受到国务院领导的充分重视。1998 年 7 月上海市向国务院请示批准建立上海钻石交易所及其筹备方案,2000 年 2 月,国务院正式批准上海组建国家级的钻石交易中心。

2000 年 10 月 27 日,上海钻石交易所成立大会在上海浦东金茂大厦隆重举行。上海钻石交易所设立于上海浦东新区金茂大厦,按照国际钻石交易通行的规则运作,有力促进我国钻石业及钻石市场的发展。目前,钻石消费现已超越日本,成为仅次于美国的全球第二大钻石消费国,在全球钻石产业中占据重要地位,2007 年 4 月份,单月钻石进出口额达 9 272.91 万美元,创历史新高。

上海钻石交易所具体交易流程如图 11－2。

心得体会

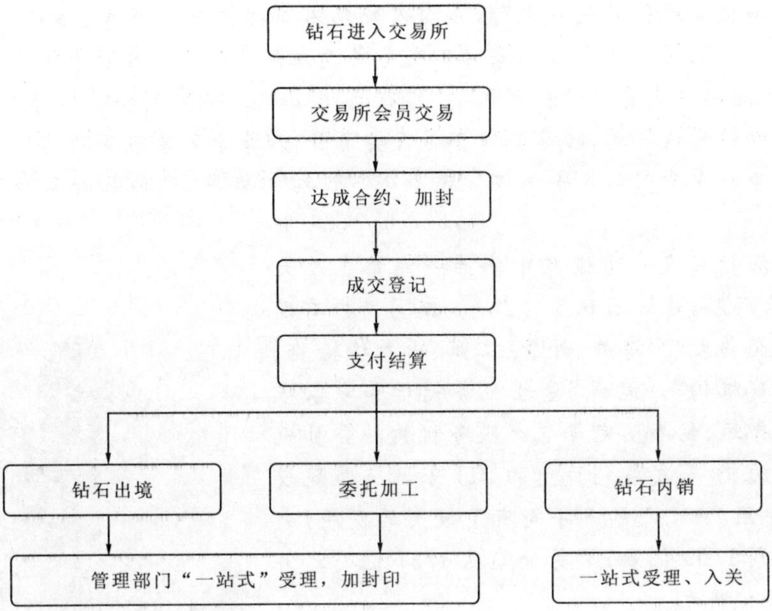

图 11-2 上海钻石交易所交易流程

同时，为履行我国的国际义务，执行国际证书制度的各项规定，我国从 2003 年 1 月 1 日起，将“金伯利进程毛坯钻石国际证书制度”所规定的毛坯钻石列入《实施检验检疫的进出境商品目录》，实施法定检验。上海出入境检验检疫局是上海口岸惟一承担“金伯利进程”毛坯钻石检验鉴定和验证工作的政府机构，制定了《上海“金伯利进程国际证书制度”实施办法》，在上海钻石交易所设立报检签证窗口，开展进口毛坯、半成品钻的价值、数量、质量、级别等的检验鉴定工作。

你知道吗？

“金伯利进程毛坯钻石国际证书制度”

为了遏止不法行为，南非、纳米比亚等非洲国家于 2000 年 5 月发起“金伯利进程”，讨论建立毛坯钻石国际证书制度，同年 12 月 1 日，联大通过 55/56 号决议，支持启动“金伯利进程”，包括我国在内的世界主要钻石生产、加工和贸易国均参加了该“进程”。2002 年 11 月在瑞士举行的第二次部长级会议上，各方通过了“金伯利进程毛坯钻石国际证书制度”，并决定于 2003 年 1 月 1 日起正式实施。

该制度规定：出口国必须为出口的毛坯和半成品钻石签发官方证明，进口国政府在验明出口国官方证书无误后方可准予进口。

知识链接

上海钻石交易所

上海钻石交易所是经国务院批准设立于上海浦东新区的国家级要素市场，按照国际钻石交易通行的规则运行，为国内外钻石商提供一个公平、公正、安全并实行封闭式管理的交易场所。上海钻石交易所设立会员大会。会员大会由全体会员组成，是上海钻石交易所的权利机构，实行自律管理。会员大会设理事会，理事会是会员大会的常设机构，理事会对会员大会负责，理事会所有理事由会员大会选举产生。理事长由中国籍人士担任。理事会下设纪律委员会、仲裁委员会等专业委员会。

原上海钻石交易所设在中华第一高楼金茂大厦内，共有两层，建筑面积 5 422m²。交易所内有设备齐全的交易大厅，海关、外管、工商、出入境检验、检疫等政府机构“一站式”受理业务大厅和多家银行、保险、押运、钻石鉴定等配套服务机构。会员规模从最初的 40 家发展到目前的 211 家。交易规模在 2002 年至 2007 年的 6 年间有了较大的发展，交易量上升到 1.99 亿 ct；交易金额从 1.57 亿美元上升到 10.7 亿美元。

11－3　中国钻石交易中心大厦

自 2009 年 10 月上海钻石交易所由金茂大厦整体搬迁至新址“中国钻石交易中心”大厦运营（图 11－3）。上海钻石交易所新址在上海市浦东新区世纪大道 1701 号北塔 14 楼。

本章练习题

1. 简述钻石原石的流程。
2. 简述“上海钻石交易所”具体交易流程。

心得体会

第十二章　钻石的价格

学习目标

了解钻石的价格体系和价格影响因素，熟练掌握运用钻石报价表计算裸钻价格的方法，并能从网上获得每日的钻石价格报价信息。

第一节　钻石价格体系

钻石价格涵盖钻石原料(毛坯)的价格和成品钻石的价格，二者分别受不同因素的制约，主要包括稀少性、找矿、采矿的成本、钻石切磨加工费用以及消费者对钻石的需求度等。

一、钻石原料(毛坯)的价格

钻石毛坯的价格大体由戴比尔斯(De Beers)来确定，戴比尔斯主要从事钻石的找矿、勘探与开采，它与其他钻石生产国，如俄罗斯、博兹瓦纳共同组成“钻石生产商协会”，戴比尔斯的国际钻石贸易公司(DTC)(国际钻石贸易公司是戴比尔斯公司从事钻石毛坯购买和销售的机构，以下简称 DTC)购买其他钻石生产国所开采的钻石，DTC 根据其“价格手册”(其中列出了 14 000 种钻石毛坯的价格)购买钻石生产商的钻坯。同时，为了保证钻石价格的公正与透明，DTC 向其特约看货商销售钻坯也是以这本“价格手册”为准，确定钻坯的价格。因此，从某种意义上来说，这本“价格手册”反映了钻石毛坯的价值。

DTC 的“价格手册”的编制，取决于钻坯的生产费用、开采成本，其中主要包括钻石的找矿和勘探费用。钻石是自然界中稀少的天然资源，主要出产于金伯利岩和钾镁煌斑岩中，这两种岩石通常呈管状、脉状产出，每个岩管在地表的出露面积平均仅 0.05km^2，地质学家们为了寻找含钻石岩管，历经千辛万苦，采用各种有效的技术及手段，来勘探含钻石岩管位置、规模、形状，并测定钻石的含量，论证建立开采矿山的可能性。因此，钻石毛胚的开采成本非常高昂，同时，钻坯的价格除反映钻石的开采成本外，还反映了这一级别、品种的钻石产出率：产出率越低，钻石的价格越高。

总之，钻石毛胚的颜色越白越稀少；净度级别越高越稀少；颗粒越大越稀少；形状越规则(如八面体、立方体)越稀少,自然价格就越高。

二、成品钻石的价值

DTC将钻石毛坯向其特约看货商展示,供看货商挑选,钻石毛坯被DTC看货商选中后,将离开戴比尔斯国际钻石贸易公司(DTC),被加工成成品进入下一阶段的销售环节,成品钻石的价值主要受钻石毛坯价值、钻石切磨加工成本、市场供求关系三方面的影响。

切磨加工成本方面,目前,虽然钻石切割设备有了相当的改进,但钻石的切割仍是一项以手工操作为主的传统工艺,需要娴熟的技术、丰富的经验及全神贯注的投入,才有可能实现对钻石的完美切割。主要集中于重要的传统切割中心,包括美国纽约、比利时安特卫普、以色列特拉维夫及印度孟买。

因此,克拉数越大(质量级别越高)、结构越复杂的钻石,风险越大,切割的成本越高。总的来说,最终成品钻石的大小、质量与切割中心的劳动力成本有密切的关系。例如:由于劳动力成本高于其他切割中心,纽约主要切割大钻石、高质量的钻石;印度的劳动力成本较低,主要切割克拉数小、质量较低的钻石。即便在同一切割中心,切割一颗重1ct、VVS净度的钻石,要比切割同样大小的、净度为P级的钻石需要付出更高的劳动力成本。

市场供求关系方面,钻石不是生活必需品,其市场需求情况会随政治、经济、文化等因素的影响而发生变化。为了避免钻石投机商介入钻石贸易,保证钻石市场的长期稳定与发展,戴比尔斯密切关注市场的变化,通过向分布在不同国家的客户供应适当数量、适当品种、适当品级的钻坯,充分发挥DTC的"缓冲库存"的作用,以保证世界钻石市场的供求平衡,有效地维持钻石价格的稳定,保证钻石从生产商到最终消费者的各个环节的利益,确保世界钻石业的开采、加工、销售各个环节的稳定发展。

同时,戴比尔斯依据各国消费者不同的文化背景、审美观念及消费习惯,在全世界34个国家、用二十多种语言推广钻石,激发了公众对钻石的需求。

通过上述分析,可以看出,成品钻石的价格均要受到上述三方面的影响,但1978年以后,其具体参考价格可以依据钻石报价表(Rapaport),为钻石交易的买卖双方提供有效保障。

第二节　钻石报价表

一、钻石报价表的形成

1978年以前,市场上并没有通行的钻石成品(裸钻)的公开参考定价,钻石生产商与批发商根据自己的成本及市场需求现状判断,将钻石以自认公允的价格卖给零售商,而零售商缺乏行情的比较基准,因此买卖的过程中存在着很多困扰。

1978年,Martin Rapaport先生将纽约市场上所收集来的钻石平均交易价格,按照成色、净度和克拉数整理列表，制定出一份较为标准化的报价（每单周发行），英文称做“Rapaport Diamond Price List”，从此，钻石买卖双方有了共同的依循价格基准，钻石的分级也因影响价格的差异而开始受到大家的重视。

你知道吗?

国际通用的钻石行情报价表——“Rapaport Diamond Report”

钻石行情报价表“Rapaport Diamond Report”付费订阅，每周五出刊，为防止复印和传真，报表用红纸印制，里面有钻石市场的最新信息与分析，收录质量：0.01～5.99ct；颜色：D至M；净度：从IF到I3（GIA标准）的钻石报价，涨价的就以粗体字标注，下跌的则用粗斜体标注。

在钻石产业中，钻石行情报价表((以下简称：Rapaport 报价表)决定全球主要切割中心和钻石批发市场在国际上的售价，并且 Rapaport 报价表是一个在钻石业界具有钻石价格参考与产业市场信息的重要指针，

它提供给钻石珠宝商、钻石批发商与钻石切割厂相关信息，使得钻石买卖交易有一个公开市场行情的价格参考，让买卖双方的交易更具效能，更有保障。

钻石行情报价表的钻石等级依循标准是美国宝石学院 GIA(Gemological Institute of America)的钻石分级标准，每周五公布最新的钻石（裸钻）价格，对全球钻石产业新闻和重要事件也都有报导，Rapaport 报价表表格的左边由上往下是钻石颜色等级，上面由左至右是钻石净度等级，图 12-1 为钻石行情报价表的图样：

RAPAPORT DIAMOND REPORT

Tel: 877-987-3400 • www.RAPAPORT.com • Info@RAPAPORT.com [R]

June 11, 2010 : Volume 33 No. 22: APPROXIMATE HIGH CASH ASKING PRICE INDICATIONS : Page 1
NEW YORK ASKING PRICES: Round Brilliant Cut Diamonds per "Rapaport Spec 2" in hundreds US$ per carat.

News: JCK Las Vegas fuels optimism for U.S. retail but buying at show still driven by Far East and Indian buyers. 3 ct. certs hot. High prices for large diamonds generating buyer resistance. Good demand for 1-2 ct., G-I, VS-SI. Demand for SI-I1 very strong for small inexpensive goods. DTC June sight estimated at $500M as prices increase 3-7%. Secondary market rough premiums softening but demand remains strong due to shortages. Large cutters dealing rough rather than manufacturing. Christie's London sells $6.6M (79% by lot) with rectangular cut, 14.85-ct., D, VS1 Bulgari diamond ring selling for $1.1M ($73,800/ct.) Michael Hill to close eight of 17 U.S. stores. Botswana's April rough/polished exports +36% to $233.6M. Abbey Chikane says Zim meets minimum KP standards as NGOs report continuing state-sponsored human rights abuses.

ROUNDS

RAPAPORT : (.01 - .03 CT.) : 06/11/10	IF-VVS	VS	SI1	SI2	SI3	I1	I2	I3
D-F	8.5	7.4	6.1	5.5	4.9	4.2	3.9	2.7
G-H	7.4	6.6	5.5	4.9	4.3	3.8	3.4	2.5
I-J	6.7	6.0	5.0	4.4	3.9	3.5	3.1	2.1
K-L	5.0	4.3	3.6	3.3	2.8	2.2	1.8	1.4
M-N	3.7	2.9	2.3	2.0	1.6	1.3	1.1	0.9

RAPAPORT : (.04 - .07 CT.) : 06/11/10	IF-VVS	VS	SI1	SI2	SI3	I1	I2	I3
D-F	8.9	7.7	6.3	5.8	5.1	4.5	4.1	3.0
G-H	8.0	7.0	5.7	5.2	4.6	4.1	3.7	2.6
I-J	7.0	6.2	5.2	4.7	4.2	3.8	3.4	2.3
K-L	5.3	4.6	4.0	3.6	3.1	2.6	2.3	1.6
M-N	3.9	3.4	2.6	2.4	2.0	1.8	1.4	1.0

图 12-1 钻石行情报价表

二、钻石报价表(Rapaport)的使用方法

使用“Rapaport Diamond Report”可以较为快捷的计算出当时实际钻石（裸钻）的市场报价，使用方便，以表 12-1 中的裸钻为范例进行步骤分解，主要为以下 7 个步骤。

表 12－1　范例裸钻参数表

裸　钻　范　例	
4C 分级标准	GIA 标准
形状(Shape)	标准圆钻型(Round Brilliant)
克拉质量(Carat)	1.30ct
颜色(Color)	G
净度(Clarity)	VVS1
购买时间	2004 年 6 月 10 日

(1)必须依据最接近购买时间出刊的钻石报价表。

RAPAPORT : (.01 - .03 CT.) : 04/15/05　ROUNDS

	IF-VVS	VS	SI1	SI2	SI3	I1	I2	I3
D-F	8.5	7.4	6.1	5.6	5.0	4.2	3.9	2.7
G-H	7.4	6.6	5.5	5.0	4.4	3.8	3.4	2.5
I-J	6.7	6.0	5.0	4.5	4.0	3.5	3.1	2.1
K-L	5.0	4.3	3.5	3.3	2.8	2.2	1.8	1.4
M-N	3.7	2.9	2.3	2.0	1.6	1.3	1.1	0.9

	IF-VVS
D-F	8.9
G-H	8.0
I-J	7.0
K-L	5.3
M-N	3.9

范例钻石购买日期为 2004 年 6 月 10 日，可借鉴 2004 年 5 月 15 日出刊的 Rapaport 报价表。

(2)在钻石报价表中查询适用对应范例钻石的外形(Shape)。

RAPAPORT : (.01 - .03 CT.) : 04/15/05　ROUNDS

	IF-VVS	VS	SI1	SI2	SI3	I1	I2	I3
D-F	8.5	7.4	6.1	5.6	5.0	4.2	3.9	2.7
G-H	7.4	6.6	5.5	5.0	4.4	3.8	3.4	2.5
I-J	6.7	6.0	5.0	4.5	4.0	3.5	3.1	2.1
K-L	5.0	4.3	3.5	3.3	2.8	2.2	1.8	1.4
M-N	3.7	2.9	2.3	2.0	1.6	1.3	1.1	0.9

	IF-VVS
D-F	8.9
G-H	8.0
I-J	7.0
K-L	5.3
M-N	3.9

范例钻石给定的是标准圆钻型(Round Brilliant)，因此需要标准圆钻型(Round)的表格为查询依据。

(3)查询出范例裸钻所在的质量（克拉，Carat)区间。

RAPAPORT : (1.00 - 1.49 CT.) : 04/15/05　ROUN

	IF	VVS1	VVS2	VS1	VS2	SI1	SI2	SI3	I1	I2	I3	
D	179	126	113	93	84	70	59	49	41	27	15	D
E	123	114	99	88	80	66	56	46	39	26	14	E
F	113	102	94	84	77	63	53	44	37	25	13	F
G	96	90	87	78	72	59	51	42	36	24	12	G
H	75	72	69	65	62	57	50	41	34	23	12	H
I	64	62	59	56	53	50	45	38	31	21	11	I
J	54	53	52	49	46	44	41	33	27	19	11	J
K	49	48	47	44	40	38	34	30	25	17	10	K
L	44	43	42	40	37	35	31	28	23	15	9	L
M	37	36	35	33	30	28	25	22	19	14	9	M

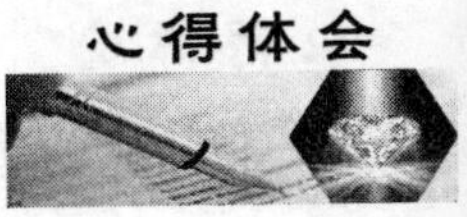

范例钻石的质量(Carat)为 1.30ct，位于区间：1.00 ～ 1.49ct 之间，需要借鉴如下质量区间的表格。

(4)在上述质量区间表格的左侧，自上而下查询范例钻石的颜色(Color)。

范例钻石颜色(Color)范围落在 G。

RAPAPORT : (1.00 - 1.49 CT.) : 04/15/05 ROUN

	IF	VVS1	VVS2	VS1	VS2	SI1	SI2	SI3	I1	I2	I3	
D	179	126	113	93	84	70	59	49	41	27	15	D
E	123	114	99	88	80	66	56	46	39	26	14	E
F	113	102	94	84	77	63	53	44	37	25	13	F
G	96	90	87	78	72	59	51	42	36	24	12	G
H	75	72	69	65	62	57	50	41	34	23	12	H
I	64	62	59	56	53	50	45	38	31	21	11	I
J	54	53	52	49	46	44	41	33	27	19	11	J
K	49	48	47	44	40	38	34	30	25	17	10	K
L	44	43	42	40	37	35	31	28	23	15	9	L
M	37	36	35	33	30	28	25	22	19	14	9	M

(5)在上述质量区间表格的上方，自左向右查询在范例钻石净度(Clarity)所在的位置。

该范例钻石的净度(Clarity)范围落在 VVS_1。

RAPAPORT : (1.00 - 1.49 CT.) : 04/15/05 ROUN

	IF	VVS1	VVS2	VS1	VS2	SI1	SI2	SI3	I1	I2	I3	
D	179	126	113	93	84	70	59	49	41	27	15	D
E	123	114	99	88	80	66	56	46	39	26	14	E
F	113	102	94	84	77	63	53	44	37	25	13	F
G	96	90	87	78	72	59	51	42	36	24	12	G
H	75	72	69	65	62	57	50	41	34	23	12	H
I	64	62	59	56	53	50	45	38	31	21	11	I
J	54	53	52	49	46	44	41	33	27	19	11	J
K	49	48	47	44	40	38	34	30	25	17	10	K
L	44	43	42	40	37	35	31	28	23	15	9	L
M	37	36	35	33	30	28	25	22	19	14	9	M

(6)分别以范例钻石的颜色级别、净度级别为横坐标和纵坐标，找到两者的交叉点所在位置，就是该范例钻石的 1.00ct 单位价格，单位以百元美金计价：

范例的查询结果为 90，即 90×100＝9 000 美元/ct

RAPAPORT : (1.00 - 1.49 CT.) : 04/15/05 ROUN

	IF	VVS1	VVS2	VS1	VS2	SI1	SI2	SI3	I1	I2	I3	
D	179	126	113	93	84	70	59	49	41	27	15	D
E	123	114	99	88	80	66	56	46	39	26	14	E
F	113	102	94	84	77	63	53	44	37	25	13	F
G	96	90	87	78	72	59	51	42	36	24	12	G
H	75	72	69	65	62	57	50	41	34	23	12	H
I	64	62	59	56	53	50	45	38	31	21	11	I
J	54	53	52	49	46	44	41	33	27	19	11	J
K	49	48	47	44	40	38	34	30	25	17	10	K
L	44	43	42	40	37	35	31	28	23	15	9	L
M	37	36	35	33	30	28	25	22	19	14	9	M

(7)结合当时美元的汇率，依据定价公式计算出钻石的当时实际参考报价。

通过定价公式，计算出该范例裸石的当时实际参考报价：

＄9 000(克拉单价)×1.30ct(裸钻质量)×7.8(当时汇率)＝￥91 260 元

你知道吗?

裸钻定价方法

根据钻石行情报价表(Rapaport Diamond Report)对裸石的定价公式为:

裸石定价=报价(查询 Rapaport 表)×100(美元)×克拉数(质量)×当日美元汇率

三、其他因素影响

有时,实际购买的钻石价格会比这个算出来的价格要低,特别是 1ct 以下。这是由于不同品质的钻石,有不同的折扣,特别是 1ct 以下的。但品质高的钻石不但没有折扣,反而会有加点,价格比 Rapaport 报价要高。

不同的钻石琢型,需要使用不同的 Rapaport 报价表,公主方型、水滴型、橄榄型、祖母绿型等形状的钻石比同样质量的标准圆钻型钻石的价格要低。

另外,没在报价表中出现的切工、荧光反应以及企业品牌等也是影响价格的因素。切工是购买钻石时容易忽略的项目,却是影响钻石亮度、火彩的关键要素,需要从切工比例以及修饰度两方面加以评价。

四、注意事项

(1)惟有钻石切工等级没有在“Rapaport Diamond Report”上,Rapaport 报价表是取中等切工等级为基准,极优的钻石切工价格比参考价要高很多,反之切工极差的价格比 Rapaport 报价要低很多。

(2)钻石琢型(Shape)不同,报价也有差异,“Rapaport Diamond Report”都会标明适用于何种形状的钻石。关于切工等级的差别或质量的影响,可留意表格间的附注事项。

(3)在标准圆钻型(Round Brilliant)0.30ct~5.99ct 的范围,每一个区域底下会有如下范例:

W:31.20 = 0.00%以及 T:15.98=0.00%,代表是该区域的白钻 W(D-H,IF-VS_2)平均报价为 3 120 美元,T 是代表总平均报价为 1 598 美元。

如果钻石涨价会用百分比显示,例如:W:226.92=0.89% T:102.56=1.00%,表明:该区域白钻平均报价为 22 692 美元涨幅为 0.89%,总平均报价为 10 256 美元涨幅为 1.00%,并且有涨价的部分会以加粗字体表示。

(4)Rapaport 报价表其实也是个参考性的价格,例如商场里的知名品牌产品,其品牌、设计、店面租金等均是一笔不菲的费用,所以不能单纯通过这个参考价格来进行横向比较。

心得体会

知识链接

世界主要钻石饰品网站

1. 世界钻石信息中心网站
www. adiamondisforerer. com
2. 戴比尔斯钻石
www. debeers. com
3. 比利时钻石高阶层议会
www. hrd. be
4. 卡地亚中国官方网站
www. cartier. cn
5. 世界钻石交易联盟网站
www. worldfed. com/website/
6. 世界钻石委员会
www. worlddiamondcouncil. com
7. 国际珠宝首饰联合会
www. cibjo. org

本章练习题

1. 成品钻石的价值主要受哪些因素影响？

2. 简述裸钻的市场价格计算方法。

3. 给一粒 50pt，克拉单价为 52(百元美金)，汇率为 6.7 的标准圆钻型的裸钻定价。

4. 按照实际裸钻“4C”参数，借助互联网，计算该钻的市场报价。

第十三章　钻石饰品的基本类型

目前，我国珠宝首饰市场中的钻石首饰品种丰富，钻石首饰可以按材质、使用对象、佩戴部位、用途、价值、个人品味等进行分类，通常按佩戴部位进行分类：戒指、胸饰、耳饰、腕饰、项饰等。

知识链接

钻石首饰的主要分类

（1）按材质分为：黄金钻饰、白金钻饰、铂金钻饰、钯金钻饰等。

（2）按佩戴对象分为：男性首饰、女性首饰、儿童首饰、年轻人首饰、中老年首饰、演员首饰等。

（3）按用途分为：佩戴首饰、时装首饰、摆件首饰、观赏首饰、旅游首饰、珍藏首饰、馈赠首饰、纪念首饰、保值首饰、表演首饰、订婚首饰、结婚首饰、生日首饰等。

（4）按产地及其风格特点分为：意大利首饰、美国首饰、法国首饰、日本首饰和中国首饰等。

（5）按佩戴部位分为：戒指、胸饰、耳饰、腕饰、项饰等。

一、戒指

钻石戒指（图 13－1）是最丰富、最具有象征意义的钻石首饰类型，它既是一种装饰品、也是一种标志，如有人将钻戒作为一种订婚的信物，并视为夫妻美满幸福、白头偕老的美好象征。对戒指的选择，体现一个人的身份、仪表和修养。钻石戒指款式类型多种多样，最基本的类型——爪形款式，这是最普通的钻戒类型，它是用金属爪固定钻石，最适合镶嵌单粒钻石。

图 13－1　经典的皇冠式结婚钻戒

最大优点是能使光从不同角度进入钻石，从而使钻石显得格外明亮；制作方便，所需金属较少，做工也相对便宜，能够安全抓住大的钻石；此外，这种款式镶嵌的钻石也易于清洗。正因为上述优点，爪形款式钻戒较受女性青睐。

特别提示

这种爪镶钻戒的款式有时（因钻石突出较高）容易勾住衣服、毛巾或头发，或对他人构成伤害，佩戴者需十分注意。

心得体会

营销知识储备

戒指的戴法

今天，戒指已不仅是美化生活的装饰品，还成为了爱情的信物。国际上有一种约定俗成的戴法：

戒指一般不戴在大拇指上，双手其他的各个手指都可以佩戴。

戒指戴在食指上，表示已有情人，想结婚而尚未结婚。

戒指戴在中指上，表示正在寻求对象或正处于热恋之中。

戒指戴在无名指上，表示已经订婚或已经结婚。

戒指戴在小指上，表示过独身生活，也就是表示本人终身不嫁或终身不娶。

同一只手上戴两枚戒指时，色泽要一致，而且一枚戒指复杂时，另一枚要简单些。此外，最好选择相邻的两只手指，如中指和食指、中指和无名指或无名指和小指。

二、吊坠

吊坠（图 13 - 2）也是最基本的钻石首饰类型之一，常与项链组合使用。根据其自身的特点，吊坠又可分为：

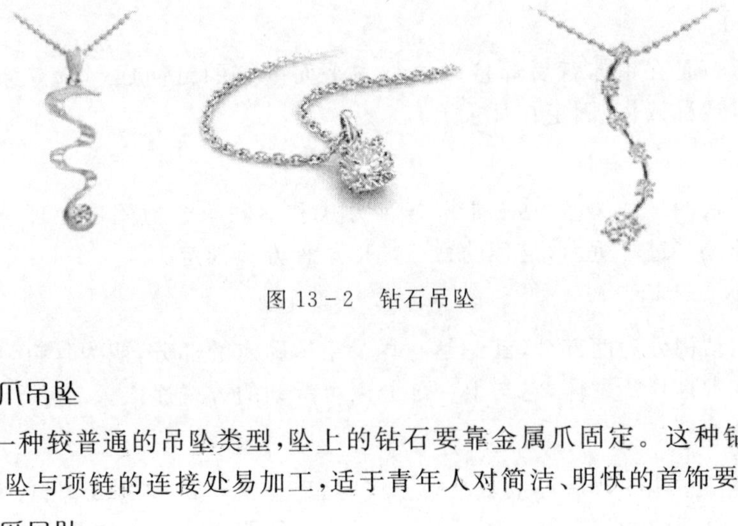

图 13 - 2　钻石吊坠

1. 带爪吊坠

这是一种较普通的吊坠类型，坠上的钻石要靠金属爪固定。这种钻石吊坠结构简单，吊坠与项链的连接处易加工，适于青年人对简洁、明快的首饰要求。

2. 无爪吊坠

这种吊坠多以镶有钻石的金属环来取代爪的作用，这种吊坠较复杂，但相对豪华一些。

3. 多层吊坠

这种钻石吊坠由两层或两层以上单吊坠叠合在一起构成，这种吊坠款式较复杂，华贵高雅，具有皇家气派。

营销知识储备

用钻石吊坠来配一套领口敞开的深黑或素白的时装，会有一种神秘感流露，黑白条纹和黑白方格的衣服，也可以采用钻石吊坠来搭配，会显得钻石光芒突出，效果令人叫绝。

三、耳饰

耳饰根据佩带方式又可分为耳钉、耳环、耳坠、耳钳等(图 13－3)。它们的共同特点是都戴在两耳垂上，左右对称，也有个别为单耳佩戴，款式特别。

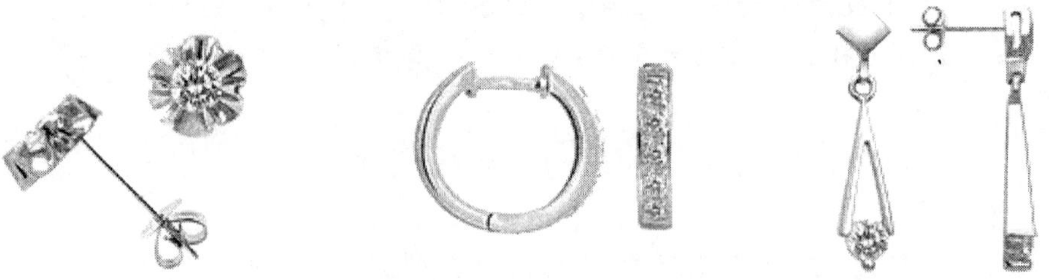

图 13－3　钻石耳饰

1. 耳钉

钻石耳钉是在主体背后焊接一根与主平面垂直的钉而成。该钉穿过耳垂孔后，用耳背(或称云头)固定在耳朵上。

2. 耳环

是呈环状的耳饰类型，钻石常以各种方式和不同组合被固定在环上。不镶钻石的较小部位穿过耳垂后，与环的另一端以某种方式固定。

3. 耳坠

耳坠的结构分为两部分，其一是与耳朵主体固定的部分，或为耳钉，或为耳钩；另一部分常常是耳坠主体，它与上一部分以可活动的方式连接。

4. 耳钳

耳钳是在主体的背后焊接一个夹子或螺钉，靠夹子的弹力或螺钉的压力固定在耳朵上。由于戴这类耳饰不用耳孔，所以特别受那些既不想打孔，又想戴耳饰的女士青睐。

营销知识储备

耳环对人的脸形可以起到平衡作用

椭圆脸形的女性可以佩戴多种款式的珠宝，只须注意身材、服装与珠宝的协调则可。

心得体会

方脸形的女性应佩戴一些形状圆滑，如水滴形、椭圆形的耳环，忌戴一些棱角分明或几何形态过于规则的耳饰。

圆脸形的女性最好戴一些外形修长或垂式的耳环，不要戴圆形贴耳的耳环。

面部瘦削或长脸形的女性可适当选择一些具有几何图案或花式图案的耳环。

四、腕饰

戴在手腕上的首饰，常见的有手链和手镯。

1. 手链

手链(图 13－4)在结构上为多个钻石或钻石与其他宝石组合，以可活动的方式连接成一条链，在链的两个端点上分别焊上链头、链尾，并靠链头紧扣链尾戴在手腕上。选购手链时，除款式要适合自己要求外，还要注意各个钻石之间的连接既要稳固，也要能弯曲成封闭的环形。

2. 手镯

手镯(图 13－5)是指封闭或半封闭状固定的腕饰，其大小以手腕最细处正好放入，而正常情况下又不易脱落为适合。手镯也可镶钻石，因此，也是一种钻石首饰类型之一。

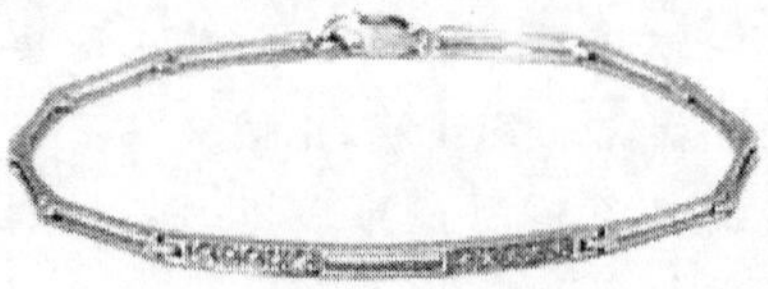

图 13－4　钻石手链

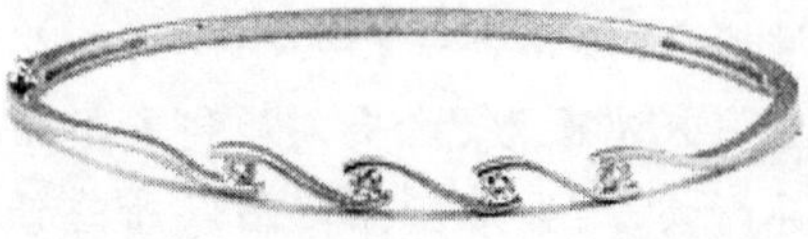

图 13－5　钻石手镯

五、项链

钻石项链主体一般由金属制成，钻石多出现于吊坠中。合适的项链能起到调整和映衬作用，突出女性的头形和胸部的轮廓美。因此，女士选择佩带精美得体的钻石项链，更加显得风姿绰约，顾盼生辉。

营销知识储备

项链佩戴方法

项链种类很多，大致可分为金属项链和珠宝项链两大系列。佩戴项链应和顾客年龄及体型协调。如脖子细长的女士佩戴仿丝链，更显玲珑娇美；马鞭链粗实成熟，适合年龄较大的女士选用。

佩戴项链也应和服装相协调。例如：身着柔软、飘逸的丝绸衣衫裙时，宜佩戴精致、细巧的项链，显得妩媚动人；穿单色或素色服装时，宜佩戴色泽鲜明的项链。这样，在首饰的点缀下，服装色彩可显得丰富、活跃。

除上述常见的钻饰外，还有许多其他类型的钻石饰品：如胸针、脚链、项牌、领花、袖扣、鼻钩等。

您的生辰石是什么？

生辰石又叫“生日石”，即每月份均有一种宝石作为其代表。以月份为代表的宝石分别为：一月，石榴石；二月，紫水晶；三月，海水蓝宝；四月，钻石；五月，祖母绿；六月，珍珠、月光石；七月，红宝石；八月，橄榄石；九月，蓝宝石；十月，欧泊、碧玺；十一月，托帕石（黄玉）；十二月，绿松石、青金石。

另外，在西方国家，也使用宝石代表星座。如水瓶座：紫水晶；双鱼座：碧玉；牧羊座：钻石；双子座：祖母绿；巨蟹座：玛瑙；狮子座：红宝石；处女座：红条纹玛瑙；天秤座：橄榄石；天蝎座：欧泊；射手座：托帕石（黄玉）；山羊座：绿松石。

你知道吗？

常见的钻石首饰镶嵌术语

今天的设计师可提供许多不同的钻石形状和镶嵌技术，下面是其中重要的术语：

狭长方形：指长方形的小钻，通常用以突出大钻的镶嵌。

包镶：这一镶嵌技术使钻石被完全形似画框的贵金属所包围。

槽镶：常用于镶一排大小规则的小钻。这一镶嵌技术用两条金属从两边夹持钻石。用来镶圆形、狭长方形和方形钻石。槽镶就像一条铁轨，中间夹钻石。

异形切工：异形指除圆形以外的任何形状的钻石琢型。异形切工包括如狭长方形、祖母绿形、三角形、梨形、公主形、椭圆形和水滴形等琢型。

密镶：小钻的镶嵌技术，钻石互相间的镶嵌很紧密，故不显金属。密镶的表面看上去全由钻石铺平。

单粒镶：单粒宝石的镶嵌。

蒂凡尼镶（Tiffany Setting）：用长的细爪夹持钻石的四爪或六爪镶嵌。这种镶嵌尽显钻石之美，便于观察钻石的切工、颜色、净度，由纽约著名珠宝商蒂凡尼发明，现广泛采用。

本章练习题

1. 我国按佩戴部位，将钻石首饰分为多少大类，又各分为多少小类？
2. 戒指的戴法及含义是什么？
3. 调查市场常见钻石首饰有哪些品种？

第十四章　钻饰的营销导购原则及方法

学习目标

了解钻石的价值内涵，掌握钻石营销的原则和导购要点，熟练掌握钻戒的特点和营销策略，并能熟练运用到钻石营销实践中。

一、钻石饰品的价值内涵

钻石被誉为"宝石之王"，具有昂贵的价值，钻石营销人员在向顾客介绍钻饰时，重点需要阐述钻石的价值所在，其价值主要体现在以下几点。

1. 自然天成属性

钻石是几十亿年前，由在地球深部的碳元素经漫长的结晶作用形成的晶体，之后又经火山作用运送到地表或近地表而呈现给人类，它具有人类追求的朴素自然的价值。值得一提的是，钻石是所有珠宝玉石中惟一由一种元素组成的宝石品种。

2. 内在"三高"品质

钻石以其"三高"——高折射率(2.417)，高色散(0.044)和最高硬度(10)，居所有天然产出的宝石品种之首，其硬度是世界迄今发现的天然物质中最高的，这些内在品质使钻石光芒四溢，璀璨夺目，从众多宝石品种中脱颖而出。

3. 资源储量稀少

目前，世界宝石级钻石的产量约为 1 500 万 ct，而加工成为成品仅有 400 万 ct (800kg)；从体积来看只有 60cm×60cm×60cm，这种储量稀少的资源性特征，也使钻石荣登"五皇一后"之首的宝座。

4. 历史文化悠久

钻石形成距今 9 ～33 亿年前，其"钻石恒久远，一颗永流传"的文化内涵已深入人心，钻石已被视为勇敢、坚贞、权力、财富、神力、纯洁、避邪、健康、爱情、永恒的象征，已经成为人类文化历史的一部分。

5. 矿床探寻艰难

一个钻石矿床的探寻往往要耗费很长的时间，需要巨大人力物力的投入，一般也需十几年到几十年，如加拿大原生钻石矿床的发现则经历了几代地质学家的努力，耗资数亿美元。

6. 开采难度极大

钻石的开采规模巨大，占地面积可达几十到数百平方公里，深度达几十至数千米。据初步估算，要得到 1ct(0.20g)已打磨好的钻石，需要挖掘约 250t 矿石；开采过程也要尽可能保证钻石原石完好无损，难度极高，开采不当会造成巨大的经济损失。

7. 加工程序繁复

钻石加工要充分考虑原石的特点，在保证最高价值的原则下，按照严格光学原理将钻石切磨成成品，其程序复杂、对经验工艺技术要求相当高。

一颗钻石自开采到加工销售最终到消费者手中，需要经历约近万人的辛勤工作，凝聚众多人们的心血，所以弥足珍贵。

练一练

请记住上述钻石的价值 7 点内涵。

二、钻饰的导购原则

钻饰的营销导购人员与顾客面对面的交流是实现销售的主体过程，在这个过程中，营销导购人员应遵守以下 5 项原则。

1. 一视同仁，高质服务

对于钻饰营销导购人员来说，应注意不要对待顾客有所差别，即遵循平等原则。顾客来商店的动机会有所不同；顾客的个性特点会有所不同；但为了商店长期的利益，为了给顾客提供良好的服务，体现企业的整体品牌形象，应当为顾客提供同等的高质量服务，不管顾客是来选买的、还是来参观的。

2. 仔细观察，当好参谋

钻饰营销导购人员在整个销售过程中应对不同顾客予以仔细观察，尤其应对于顾客在选购过程中的心理与表情变化作认真的观察、分析，从而采取适当的销售技巧，使顾客体会到我们不是在推销商品，而是在设身处地为顾客着想，尽心尽力地为顾客当参谋。

3. 了解顾客，实现需求

钻饰营销导购人员的服务应该以让顾客获得最大满足为目标，不能仅希望把钻饰销售出去。由于顾客心理上的满足感来自于其内心需求的实现及其所带来的满足。顾客的需求使其产生购买欲望进而促成购买动机的形成，在受到外界或内在因素的强化或刺激下，这种动机转变为购买行为，使需求得以实现，这是一个复杂的过程，我们要从顾客进入店堂的那一刻起，尽一切力量了解顾客的需求，并设法满足其需求。

4. 由衷欢迎，真诚待客

作为销售高档消费品——钻石首饰的场所，除了为顾客提供美丽的珠宝首饰

心得体会

外，更应让顾客深切体会到购物的乐趣与满足，这种感觉最直接的是源于我们的真诚、友善。顾客选择贵店来实现自身的选购需求，这本身就是对贵店的信任，导购人员应对顾客的到来表现出由衷的欢迎与感谢，并将这种情绪贯穿于整个销售过程中。

5. 言行规范，企业品牌

每天为顾客提供直接的服务、与顾客直接打交道的是钻饰营销导购人员，因此营销导购人员的言谈、举止及服务态度，是顾客对企业的评价和印象。营销导购人员优良的表现、周到的服务会使顾客留下良好的印象，使现有顾客成为忠实的顾客，甚至一生的朋友，顾客对企业的认同与信任，将使企业的信誉及品牌效应日渐提升。

特别提示

将自己与企业融为一体

钻石营销导购人员的作用：企业形象的展示者，企业品牌的推广者，企业产品的管理者，企业效益的创造者。每一位员工均应该在自己的工作岗位上努力学习、不断探索，在钻石营销工作中施展自己的才华，实现自己的人生价值。

练一练

请牢记上述钻石营销的 5 个原则！

三、钻饰的导购要点

钻石首饰能展示出一个人的性格特征、生活爱好、文化修养、心理素质和思想感情等。钻饰营销导购人员的任务是帮助顾客决定需要什么，并为他们找出最适合的饰品，导购时要因人而异，注意消费者的性别、身材、气质和性格特征；注意消费者的发型、服饰以及佩戴季节等，下面是一般性导购要点。

1. 女士和男士钻饰特点

(1)女士钻饰

购买钻石首饰的女士消费群体，大都具有以下特点：

1)一般年龄在 18 岁以上；

2)象征成功婚姻；

3)展现自身风采；

4)永恒价值珍藏；

5)体现事业成就；

6)重温浪漫时光；

7)收入稳定；

8)注重生活品位；

女士一般喜欢镶嵌20～100pt钻石的首饰，其中，在春季和夏季，10～20pt钻石的吊坠挂件也深受女士青睐。

(2)男士钻饰

男士佩戴钻石，不仅是地位和身份的体现，更是事业成功的象征。消费者群体大都具有以下特点：

1)一般年龄在25以上；

2)具有中、高收入；

3)一般为中、高级管理人员或在三资企业、事业单位工作的白领；

4)受教育程度较高；

5)注重生活品位；

6)事业有所成就；

男士佩戴钻石，表示具有较高的社会地位，代表其坚强和勇敢的个性。

2. 身材特点

(1)脸形

脸形和钻饰适当的结合，会产生对比、调和、均衡、对称等不同效果，也能产生活泼、干练、娴静、温柔等不同的感觉。通过选择适宜的钻石首饰，可以达到改善脸形的效果。

方形的"国"字形脸或三角形脸：选择圆形或花枝状耳饰能够给观者以视觉上的调整，使方形、尖形的下颚不那么突出。

圆形面庞：尽量避免选用圆形的钻石耳饰，选择用方形或带角形的款式，而且要紧贴面庞佩戴，这样圆脸看上去就没有那么浑圆。

椭圆形、鹅蛋形脸或瓜子形脸：对钻石耳饰选择的余地大一些，但以佩带吊坠款式和长形款式效果更佳，因为吊坠形和长形的耳饰与椭圆形面庞更觉相配，能使尖削的下巴看起来比较柔和。

(2)身材

婀娜多姿的身材，无论选择什么样的钻石首饰都适合。对于身段不够标准的人，应精心为顾客选择，注意钻饰与身材的和谐匀称：

身体细长的人：应尽可能选用有横线、块面感觉的首饰；

身材较胖者：应尽可能选条状、片状的首饰，形状以简练明快为宜；

下身长的人：一般选择胸针大、项链粗长的为好，可以起着降低腰身的效果；

下身短的人：选择首饰时正好与下身长的人相反。

脖子细长的人：宜选择粗点项链；

脖子粗短的人：宜选择较细项链；

手腕粗的人：宜选窄、细手镯。

(3)肤色

顾客的肤色各不相同，选择钻石首饰时要注意与肤色的协调和谐。通常，首饰颜色与肤色同色调为宜，即肤色浅的人选配浅色首饰，肤色深的选配深色首饰。但对于钻石首饰而言，它适合各种肤色的人选用。

心得体会

(4)手指

为顾客挑选钻戒时，需考虑手指的形态。钻戒需要配合指型：

手指短小的女性可以选购有棱角和不规则的款式，镶有单粒梨形和椭圆形钻石的戒指，可使短小的手指显得较为修长。此外，还需注意钻戒的宽度，宽阔的戒指环会使手指看起来更为短小。

手指修长可以选择戴宽阔的指环，镶单粒长方形或橄榄形钻石，会使手指更有吸引力。

手指丰满而指甲修长者则可选择圆形、梨形和心形的钻石。

倘若顾客拥有一双柔美而修长的纤纤玉手，则无论选用任何类型的钻戒，都会引来羡慕的目光。

练一练

为自己量身选购相应的珠宝首饰，分析原因。

营销知识储备

测量戒指圈号时的注意事项

(1)应在黄昏或晚上量度您的手指，因为在那段时候手指尺码是最大的；

(2)不要在双手感觉冰冷时进行量度；

(3)如穿戴设计较阔的指环，戒围应比正常尺码大一号；

(4)东方人尺码：女生以10,11,12,13,14(此为号数，不是直径)为主；男生以17,18,19,20(此为号数不是直径)为主，如有超过此码，请仔细确认；

(5)内围直径以戒指内圈为准。

3. 发型特点

发型和首饰是人脸的主要装饰，两者必须协调统一。发型对整个面部起装饰作用，耳环、项链则对面部起点缀作用。倘若首饰和发型配合得当，人将越发秀美、楚楚动人。

(1)掩耳式发型

可佩戴荡环式耳钉，如只有一只耳露出，可佩戴大而短的荡环刚好与另一边乌发对称。可选择短而细的项链，与浓发形成反差。

(2)露耳式发型

可选插环，也可选荡环。若下半部脸较丰满，要佩大颗单粒耳插较为适宜。厚发的以荡环较好，头发较少的吊饰物应小而轻盈。

(3)短发型

项链宜略长而粗。薄发者宜戴马鞭链、子母链、威尼斯链及镶钻项链。厚发者可戴稍粗的串绳链、花式链等。

(4)长发型

宜选佩细而长的项链，如二锉链、方丝链、“S”形链、双套链、牛仔链、镶钻链等。

练一练

你认识下面的项链类型吗？

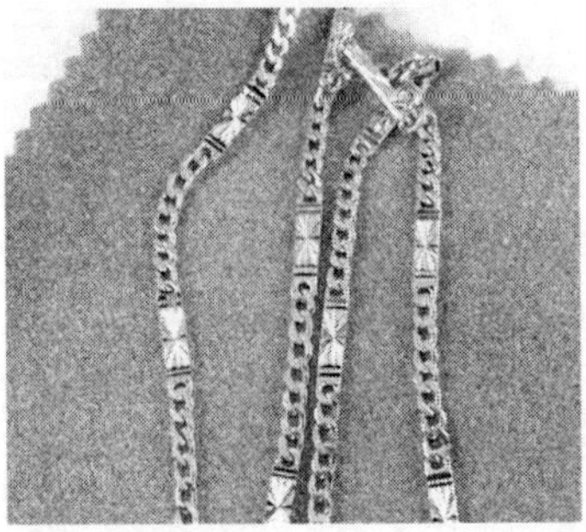

营销知识储备

项链的国际标准长度和名称

1. 短项链(36～40cm)

①36cm：短项链；②40cm：毕业装项链。

2. 渐层型项链(42～107cm)

①42cm：公主项链；②54cm：晨装项链；③71cm：礼服项链；④107cm：长项链；⑤142cm：超长项链。

4. 服饰特点

钻饰与服装配合时，要特别注意其风格的针对性，高贵豪华的晚礼服就需光亮艳丽的钻饰来映衬。轻松、简洁、面料高贵的直线时装，配上抽象的几何图案的钻饰，会有一种稳重温柔之感。通常，透明的钻石是万能的中间色，可与任何颜色的服装配用。

特别提示

顾客有自己的审美标准，作为钻石导购人员应该充分尊重顾客的选择！

心得体会

小阅读

全球三大珠宝著名品牌：卡地亚、蒂凡尼、宝格丽

卡地亚(Cartier)的故事源自1847年。路易斯·弗朗索瓦·卡地亚(Louis Francois Cartier)盘下了师傅在巴黎的珠宝铺，正式成立了卡地亚首饰店，当时的巴黎，经过王位争夺的动荡后，又恢复了昔日的繁华气象，极大地推动了巴黎珠宝业的繁荣。卡地亚幸运地得到了拿破仑三世年轻的堂妹Mathilde公主的推荐，业务不断增长。1902年，卡地亚的店铺已经从巴黎开到了伦敦和纽约，纽约逐渐成为卡地亚王国的总部。父子相传仅两代，卡地亚已成世界"首饰之王"。

蒂凡尼(Tiffany)由1837年，美国康涅狄格洲一位磨坊主的儿子查尔斯·刘易斯·蒂凡尼(Charles. Lewis. Tiffany)创立。初来纽约百老汇，蒂凡尼只是开设了一家不起眼的小铺子，经营文具和织品，后转为经营珠宝首饰。开业当日，蒂凡尼的销售额仅有5美元，但是在经过短暂的阵痛期后，蒂凡尼便凭借着独一无二的作品，让纽约的富贾名流们大为倾倒。如今，蒂凡尼已经成长为国际公认的顶级珠宝品牌，全球顶级品牌排名高达75位，珠宝排名全球第一。

宝格丽(Bvlgari)，创始人索帝里欧·宝格丽出身于希腊银匠世家，是制作珍贵银器的专家。19世纪末，索帝里欧移居意大利，1884年在罗马的Via Sistina街开设了第一家店铺。1905年，索帝里欧在儿子柯斯坦提诺与乔吉奥的协助下，将店址转移至Via Condotti大道，成为今天的宝格丽全球旗舰店。100多年来，它创造了无数名闻遐迩的顶级珠宝，并以卓越的品质、新颖的造型和优质的服务著称，时至今日已成为全球知名的奢侈品品牌。宝格丽的创新设计充分体现在珠宝、腕表、配饰、香水、护肤品、酒店和度假村中。宝格丽承诺每一件产品都具备最高的品质，严格监控和管理从研发到成品的整个生产制造过程。

名钻赏析

目前最昂贵的艺术作品——钻石骷髅头

英国前卫艺术家达明安·赫斯特制作出这尊名为《献给上帝之爱》的"白金钻石骷髅"(图14－1)，以真人骷髅为"模具"，真人骷髅属于一位35岁的18世纪欧洲男子。

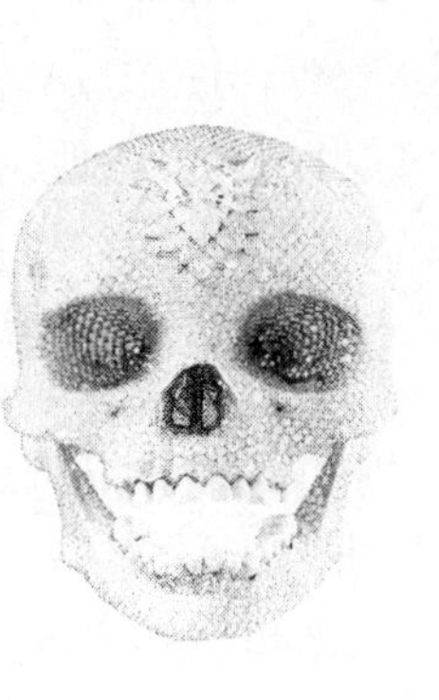

图14－1 钻石骷髅头

骷髅头用2 156g铂金铸造而成，上面镶嵌有8 601颗重达1 106.18ct的VVS级高纯度钻石，就连两个眼窝和鼻子处都镶满了数百颗钻石，光是钻石部分就价值1 200万英镑(约合人民币1.2亿元)。其中被镶嵌在前额正中央的粉红色梨形巨钻——"头骨之星"重达52.4ct，在它四周均匀分布着14颗梨形的白钻。原材料的总成本高达1 400万英镑(约合人民币1.5亿元)，

所用钻石数量是英女王王冠的3倍，堪称史上最昂贵的艺术作品。近期，达明安·赫斯特在伦敦的发言人称，这件艺术品以将1亿美元（约合人民币7亿元）的价格卖给一家投资集团。

四、结婚钻戒

目前，钻戒已成为标准的结婚信物，约一半以上的消费者接受价位在4 000～20 000元人民币之间、镶嵌着25～100pt钻石的结婚钻戒，在购买时，通常由新娘决定所购买结婚钻戒钻石的大小、款式。作为导购人员需要当好助手。

1. 购买结婚钻戒的消费群体

（1）年龄大都在22～45岁之间；

（2）具有稳定收入；

（3）追求爱情；热爱生活、婚姻和家庭；

选择结婚钻戒时大多会双方在场，双方一起讨论购买结婚钻戒款式和预算，对结婚钻戒的款式和预算，男、女双方会有不同的想法，导购人员需要帮助协调。

知识链接

钻石结婚戒指的涵义

一个圆，没有开始，没有结束，它时刻提醒着你：一个永远和你连在一起的承诺。

将戒指戴在一个女人的无名指上，通常代表了娶她为妻的承诺，这种风俗源于埃及。古埃及人相信有一种特殊的血管和神经联系着无名指和心脏。另一种解释是，这暗示着女性将一生得到她未来丈夫的保护，因为无名指是最柔弱、最受保护的手指。

2. 钻戒的选择

消费者选择结婚钻戒时，导购人员应该为顾客考虑以下的问题。

（1）是否合适他们的手？

（2）是否符合他们的需要？

（3）戴上钻戒后是否舒服？

1）顾客能自如地弯曲手指吗？

如果不能，可能戒指太宽了，如果顾客喜欢宽的戒指款式，就应考虑这样一种戒指：指环从上部（外表面）向底部（内面）逐渐变窄，这会使得手指能弯曲自如。

2）戒指在顾客的手指之间是否有任何累赘的感觉？

3）戒指太紧或太松吗？

可通过改变戒指的圈口大小来纠正。

4）戒指的内侧是否感觉粗糙或刺激皮肤？

如果金属环粗糙，可以进行抛光平整；如果钻石镶得太低，底尖会刺痛顾客的手指，可选择另外一枚或者请求首饰维修部门给予解决。

心得体会

5)需要戴手套时,顾客能脱下手套而不损坏戒指或割坏手套吗?

练一练

请使用指圈量一量自己食指、中指、无名指、小指的圈口号,并熟记。

特别提示

顾客对钻石净度需求的建议

(1)钻石的净度越好价格也越高。当顾客希望购买高净度的钻石或者用于投资与收藏,则VVS级以上是合适的。当顾客对钻石的净度没有特殊的要求时,选择VS级以上的性价比是合适的,而且,部分瑕疵也是钻石的一部分,有些也是天然钻石的独特标记(例如:天然矿物包体)。

(2)买钻饰不一定非要VVS、LC级的,嵌在铂金托上的钻石,颜色达到K色以上是合适的。而对0.25ct以下的钻饰,尤其是手链、耳环等,对颜色、净度可不必苛求,只要切工好,出亮度、色散就可以。

五、注意事项

顾客在购买钻饰时,会存在以下6个误区,营销导购人员需要及时给予提醒。

1. 注重大小,忽视品质

钻石价值由4C(质量Carat、颜色Color、净度Clarity、切工Cut)共同决定,而不是仅仅由质量决定,即使质量相同而颜色、净度、切工不同的钻石价钱可能相差甚远。例如:20pt(分)颜色白与浅黄白的钻石,价钱相差约20%~30%。

特别提示

选购时不要只关心钻石大小、质量,应该详细询问钻石的颜色、净度及切工。

2. 注重款式,忽视钻石

有些消费者只在意饰物款式,忽视了钻石本身的价值。一件钻饰特别是20pt(分)以上的钻饰,价值主要由钻石的价值来决定,如果主次不分,等于是买椟还珠。

特别提示

提醒顾客将注意力放在钻石品质上,如果顾客喜欢某一款式,可帮助顾客专门定做。

3. 注重价格,忽视品质

有些消费者在选购钻饰时只注重价格,买回来后才发觉颜色太黄,用肉眼都可看到瑕疵，或切工太差，钻石缺乏火彩，与普通玻璃无异。

特别提示

在选购具有特殊纪念意义的钻石饰品或结婚钻戒时，可以选择颜色级别为I以上，净度VS以上，切工“VG”以上的钻石。在选购日常佩戴的钻饰时，可选择颜色级别、净度级别稍低，但切工“VG”以上的钻石。这样可以用同样的价钱买到较大的钻石，同时钻石的光泽、色散也不会受到太大的影响。

4. 注重净度，忽视切工

市场上常见的钻石的切工，通常将评级为“极好”(EX)、“很好”(VG)、“好”(G)、“一般”(F)、“差”(P)。切工做得好，色散就好，亮度就高，切工差的钻石，其色散和亮度相去甚远。

特别提示

钻石的美丽来自钻石的色散(火彩)，而钻石的火彩很大程度由切工决定。切工好的钻石，即使颜色、净度稍差，同样会有出色的火彩，切工差的钻石无论怎么看都没有火彩。请千万多留意切工！

5. 注重钻饰，忽视证书

2011年2月1日我国的《钻石分级》(第三版)国家标准正式公布实施，国家和省市质量检验部门都有专门的钻石检验中心，他们出具的鉴定分级证书对钻石的重量、颜色、净度及切工都有严格的记录和描述，具有法律效力，是钻石首饰品质的保证。每件钻石首饰均应该有对应的钻石分级证书，应该提醒顾客注意保管。

特别提示

将钻石分级鉴定证书及时交给顾客，给予顾客详细的解释，并告诉顾客要妥善保管。

6. 注重钻石，忽视底托

市面上用白色贵金属材料镶嵌钻石已成时尚，向顾客解释“18K白金”、“Pt950”和“Pt900”的不同标称，实际上“18K白金”是指用75%的黄金加入其他白色金属而呈白色；“Pt950”是指含铂(Pt)金量达到95%的铂金；“Pt900”是指含铂金量达到90%的铂金。“18K白金”每克价格均为“Pt900”的一半左右，而且每件的镶嵌工费，“18K白金”是“Pt900”的1/3左右。

特别提示

“Pt900”在国际上被认为是钻石最佳的镶嵌材料，但是想要平价的钻饰，“18K白金”也可以考虑。

营销知识储备

营销人员在推荐的过程中，在了解顾客的购买意图之后，在适当的时候、可以用适当的语言向顾客传递如下信息：

(1)为自己购买首饰时：贵重的珠宝首饰可提升佩戴者的气质和品味；

(2)为别人挑选礼品时：赋予特殊意义的珠宝能让人获得情感的满足；

(3)时髦女士为自己挑选首饰时：漂亮的钻饰有修身美体的装饰作用；

(4)当你的顾客是一位长者时：贵重的珠宝首饰有较好的保值、投资功能。

本章练习题

1. 钻饰导购的原则是什么？

2. 简述钻饰导购的要点。

3. 顾客在购买钻饰时，我们导购人员需要给顾客哪些特别提示？

4. 调查市场中的钻石首饰，注意观察钻石首饰的陈设方式、导购人员的服务礼仪，写出调查报告。

心得体会

第十五章　钻石保养及顾客诉怨处理

学习目标

掌握钻石的清洗、保养的方法，了解顾客的心理，掌握顾客投诉和抱怨的正确处理原则及方法，并能熟练运用到钻石营销实践中。

第一节　钻石首饰的保养和清洗

虽然钻石是自然界中最坚硬的物质，但钻石的脆性也很大，当它受到外力打击或碾压时易于发生碎裂。另外，钻石饰品的价格往往较高，因此导购人员必须告诉顾客如何小心呵护他们的钻饰。

一、保养

对钻石首饰的保养，最重要的有下列几点。

1. 不需佩戴及时取下

钻石首饰在不需要佩戴的时候，就应该及时取下妥善收好。例如参加体育活动、洗澡、家务劳动时，应取下首饰，以免其受到损伤（撞击、磨损、受洗涤剂中化学物质的侵蚀等）。

特别提示

告诉顾客：不要觉得时常戴上和取下是麻烦事，否则就要以钻石的寿命作为代价。

2. 避免高温暴晒和接触酸、碱

镶嵌在首饰上的钻石，其受到高温或在阳光下长时间的暴晒，会降低钻石的颜色级别与酸、碱溶液接触也会引起褪色。

3. 单独放置，杜绝混合

每一件钻饰都应单独放在一个首饰盒中，如果没有首饰盒，可用干净的软布将其包裹起来保存，不可将所有首饰混放在一起，以免钻石互相间碰撞造成损伤。

4. 小心佩带，避免勾到衣服、皮包

在佩戴爪镶的钻饰时应避免勾到衣服、皮包。

特别提示

告诉顾客：一般来说，应在衣服穿戴好之后，再佩戴钻饰，以防勾到衣服，伤害衣物和钻饰。

5. 适时清洗，定期检查

对于项链、耳环、挂坠等有开关或有弹簧装置之处，也应适时清洗并加润滑油，以保持其清洁与灵活。

钻石首饰应该定期拿到首饰保养维修部门检查一次，查看镶托是否松脱与磨损，必要时重新给它固定和擦亮。

你知道吗？

可以戴钻石洗澡吗？

很多人认为钻饰要一直佩带不离身，但是如果要让您的钻石永远光彩夺目，还是需要对它进行呵护。因为钻石有亲油脂的特性，所以不宜带着钻石去厨房做事，也不宜戴着洗澡。同时钻石虽然坚硬但是很脆，所以不能用它进行强烈的碰撞。

二、清洗

要使钻石首饰保持璀璨亮丽，需要定期清洁，以下是 4 种常用的清洗方法。

1. 专业清洗

这是最彻底的清洁方法，应该每年定期为顾客检查钻石底托、镶爪是否稳固及有否弯曲变形和褪色，请专业人员，采用专业的办法进行清洗。

2. 清洁液清洗

用一个小碗或茶杯盛装温水，在水中调好适量的中性清洁剂(家用洗涤灵或专用珠宝清洁液)。用镊子将钻石浸在水中，用牙刷轻轻刷洗，再用一个网筛兜住，在水龙头下用温水冲洗，最后用一条柔软的无棉绒布拭干即可。

3. 氨水溶液清洗

用一个小碗或茶杯，把适量的清水与家用氨水(如洁厕剂)按 10∶1 的比例混合，将钻石浸在氨水溶液中约 30 分钟，然后用牙刷，在钻石前后左右轻轻刷洗，再在水中挥动一会，拿出来用纸巾拭干即可。

4. 酒精清洗

用一个小碗或茶杯，倒入适量的酒精，用镊子将钻石浸在酒精中左右轻轻刷洗约 5 分钟，拿出来用纸巾拭干即可。

5. 注意事项

(1)不能用酸性溶液来清洗充填钻石,这类溶液会使充填物溶解或使其褪色。

(2)不要用含氯的溶液来清洗钻戒,氯会腐蚀含金的合金。

特别提示

在游泳池游泳时尽量不要佩戴钻戒! 因为泳池水中含有氯。

(3)用超声波清洗器清洗钻石时,事先必须仔细检查钻石,要注意避免清洗有裂纹的钻石,以免钻石在超声波的振动下破裂。

(4)如果长期没有对钻饰清洗过,用上述各种方法对钻饰进行清洗时,均花较长的时间才能见效。

因此,对钻饰进行定期清洗是十分必要的。如果每天佩戴钻戒,则最好对其每周清洗一次,至少两周一次。

你知道吗?

下列哪些钻石首饰的部件易于损坏?

钻石首饰中的某些部件和部位比较容易损坏,佩戴、保养时请务必小心,这些比较容易损坏的首饰部件和部位是:

戒指:宝石底座的齿、指轮和花瓣。

项链(包括手链、颈链、脚链):闭启圈和搭钩。

挂件:爪子,插销(指鸡心等)、宝石底座的齿和花瓣。

耳环:蝶形片、宝爪、螺丝和连接链。

三、修补

钻石首饰出现损坏等情况,需及时送至首饰店或加工厂进行重新加工或修补。为防止钻石被人调换、贵金属重量减少等不愉快的事件发生,营销人员应该建议顾客采取以下措施。

1. 熟悉钻石特征

钻石的颜色如何? 如果有多颗钻石镶在一起,这些钻石的颜色是否一致? 钻石的净度如何? 有什么易辨认的标记(如内含物、划痕等)? 这些标记的出现在钻石的什么部位? 钻石的腰部切工特征怎么样? 腰部的厚薄如何? 钻石的质量多少? 上述特征应体现在钻石鉴定分级证书上。

2. 重量称量

送交首饰店或加工厂进行重新加工或修补前,可以当着接待员的面,使用电子天平进行较为准确的称重,保留至小数点后两位,双方均记下该质量作为一项该饰品的没有被调换的依据。

心得体会

3. 经常清洗钻石

干净的钻石和沾污物的钻石在外表的颜色、火彩、净度等看上去均有较大的差别。因此，如果顾客平时不清洗钻石，同样的钻石经过首饰店或加工厂清洗后，连顾客自己都不敢相信拿到的是原来的钻石。

4. 进行拍照

如果条件允许，顾客可对钻石及其饰品的典型特征进行拍照，以作凭证。

5. 建议顾客找正规、信誉好的首饰店或工厂进行重加工或修补

你知道吗?

哪一个国家产出的钻石最好?

对于钻石的毛坯和宝石级钻石所占比例来说，最好的钻石来自于纳米比亚冲积矿床中开采出来的钻石。这些钻石经历的自然风化搬运到海边，路程长达 1 000 英里。经过这段旅程钻石中脆弱部分都分离脱落。在特定沉积环境中钻石按不同粒级不同形状分布于岩层中。该矿区宝石级钻石高达 97%。

对切磨好的钻石，很难分辨出产自哪个国家和矿区，因为任何矿区产出的钻石都有好、中、差。

第二节　应对顾客诉怨

一、诉怨处理原则

做钻石首饰营销不仅要发展顾客，更要留住顾客。无论顾客有什么样的抱怨或指责，都必须以顾客的思维模式寻求解决问题的方法，妥善加以解决，决不能使矛盾进一步激化，顾客诉怨处理原则主要包括以下 5 点。

1. 真诚服务

导购人员需要不断地提高自身的职业素质和业务能力，树立全心全意为顾客服务的思想，牢固“顾客永远是正确的”的观念，始终牢记自己代表的是企业的整体形象，面对愤怒的顾客一定要注意克制自己的情绪，避免感情用事，言辞过激。

2. 有章可循

要有专门的制度和人员来管理顾客投诉问题，使各种情况的处理有章可循，保持服务的统一、规范。另外要做好各种预防工作，降低顾客投诉率。

3. 及时处理

处理顾客抱怨时切记不要拖延时间，推卸责任，应该迅速做出反应，向顾客“稳重＋清楚”地说明事件的原由，并力争在最短时间里全面解决问题，给顾客一个圆满的结果。否则，拖延或推卸责任，会进一步激怒投诉者，使事情进一步复杂化。

4. 分清责任

不仅要分清造成顾客投诉的责任部门和责任人，而且需要明确处理投诉的各部门、各类人员的具体责任与权限以及顾客投诉得不到及时圆满解决的责任。

5. 留档分析

对每一起顾客投诉及其处理要做出详细的记录，包括投诉内容、处理过程、处理结果、顾客满意程度等。通过记录，吸取教训，总结经验，为今后更好地处理顾客投诉提供借鉴。

练一练

当顾客因为你刚到商场，不熟悉工作业务而指责你，并大声辱骂你时，你该怎么办？

关键词：克制、有理有节、建议解释、上报请示、总结分析

二、诉怨处理技巧——“CLEAR”法

在钻饰营销工作中，处理顾客诉怨是营销导购人员的一项重要工作，如何平息顾客的不满，使被激怒的顾客“转怒为喜”，是获得顾客忠诚的最重要手段，推荐一种令顾客心情晴朗的技巧——“CLEAR”方法。

C——控制你的情绪(Control)

L——倾听顾客诉求(Listen)

E——建立与顾客良好协商的局面(Establish)

A——对顾客表示歉意(Apologize)

R——提出应急和预见性的解决措施(Resolve)

1. 控制你的情绪(C)

当顾客发怒时，导购人员第一个要素是控制自己的情绪。当顾客进行投诉时，往往心情不好，失去理智，顾客的语言或者行为会让我们感受到攻击，从而被惹火或难过，容易产生冲动，丧失理性，“以暴制暴”，这样就使得事态发展更加复杂，企业品牌和信誉严重受损。

教你一招

帮助你平复情绪的有效技巧

(1)深呼吸，平复情绪。要注意呼气时千万不要大声叹气，避免给顾客不耐烦的感觉。

(2)思考问题继续恶化发展的严重后果。

(3)高姿态。要记住，顾客不是对你个人有意见，是对你的服务或者产品质量的抱怨。

(4)以退为进。如果有可能的话给自己争取时间。如“我需要调查核实一下，

心得体会

10分钟内给您答复”，“我需要两三分钟时间同我的主管商量解决这个问题，您愿意稍等一会儿吗?”，当然你要确保在约定时间内给顾客答复。

2. 倾听顾客诉求(L)

当自己的情绪平复下来后，需要顾客也镇定下来才能解决好问题。先别急于解决问题，而应先安抚顾客的情绪，然后再来解决顾客的问题。

为了安抚好顾客的情绪，首先要分析这些情绪是什么，他们为什么投诉。静下心来积极、细心地聆听顾客愤怒的言辞，做一个好的听众：倾听顾客诉说的是事实，还是隐藏在事实之后的情绪，为了理解而倾听，并非是为了回答而倾听。

教你一招

扶平顾客情绪的技巧

1. 全方位倾听

要充分调动直觉和感觉来听，比较你所听到、感到和想到的内容的一致性。用心体会、揣摩、听懂弦外之音。

2. 不要打断

要让顾客把心里想说的话都说出来，这是最起码的态度，中途打断顾客的陈述，可能遭遇顾客更大愤怒。

3. 重视顾客的诉求

4. 明确顾客的要求

对于投诉的内容，觉得不是很清楚，要请对方进一步说明，但措辞要委婉。

3. 建立与顾客良好协商的局面(E)

所谓共鸣，就是站在他人的立场，理解他人的能力。它与同情不同，同情意味着被卷入他人的情绪，丧失了客观立场。

对顾客的遭遇深表理解，这是化解怨气的有力武器。当顾客投诉时，他最希望自己的意见受到对方的尊重，自己能被别人理解。建立与顾客的共鸣就是要促使双方交换意见和见解。在投诉处理中，有时一句体贴、温暖的话语，往往能起到化干戈为玉帛的作用。与顾客共鸣的原则：真诚地理解顾客，而非简单式的同情。

教你一招

实现与顾客共鸣的技巧

(1)复述内容：用自己的话重述顾客难过的原因，描述并稍微夸大顾客的感受。

(2)对感受做出回应：把你从顾客那里感受到的情绪说出来。

(3)模拟顾客的境地，换位思考。想像一下：公司上层领导以相同或类似的方式对待我们时，我们会做出什么样的反应。

(4)对顾客观点的理解，听起来不老套也不油嘴滑舌。

想一想

你作为顾客时，能理解导购人员的想法吗？

关键词：想他人之所想，急他人之所急，共鸣换位思考

4. 对顾客表示歉意(A)

聆听了顾客的诉求，理解他们投诉的原因和感受，有必要对顾客的遭遇表示歉意，从而使双方的情绪可以控制。表示歉意的原则：

(1)不推卸责任

(2)道歉总是对的(即使顾客是错的)

当不是自己的过错时，为使顾客的情绪平静，即使顾客是错的，道歉这种方式总是对的，一定要为顾客情绪上受到的伤害表示歉意。

特别提示

顾客就是顾客，他永远都是第一位的！

(3)道歉要有诚意

一定要发自内心地向顾客表示歉意，不能口是心非，否则就会让顾客觉得这是心不在焉的敷衍，自己被玩弄。当然，也不能一味地使用“道歉”这两个字来搪塞顾客。

(4)不要说“但是”

当道歉时，最大的忌讳就是说“我很抱歉，但是……”这个“但是”否定了前面说过的话，使道歉的效果大打折扣。

想一想

当你是顾客时，导购人员对你说：“我很抱歉，但是我们太忙了”，“很抱歉，但你不必在乎这点小事？”，你有什么感觉？

教你一招

表示歉意的技巧

1. 为情形道歉

首先向顾客表示歉意，但要注意，导购人员只为情形而道歉。例如可以用这样的语言：

“让您不方便，对不起。”

“给您添了麻烦，非常抱歉。”

这样道歉既有助于平息顾客的愤怒，又避免导致顾客误解。

2. 肯定式道歉

心得体会

当顾客做错时，他们也是正确的，他们也许不对，但他们是顾客，他永远都是第一位的。

必须保证当顾客不满找上门来时，在态度上总能令顾客百分之百的满意！

5. 提出应急和预见性的解决措施(R)

当双方的情绪得到了控制，就需要把重点从情绪控制转到解决问题上去了。平息顾客的不满与投诉，问题不在于谁对谁错，而在于解决顾客的问题。迅速做出应急方案，并提出杜绝类似事件发生或对类似事件进行处理的预见性措施。

总之，我们在处理各种顾客投诉时，要掌握以下原则：

(1)顾客至上

永远把顾客的利益放在第一位。

(2)迅速补救

确定把顾客的每次抱怨看作商场发现弱点、改善管理的机会。只有这样才能重新获得顾客的信赖，提高自己的业绩。

当然，即使我们掌握了应对顾客不满的技巧，我们也有必要认识到使顾客愤怒、烦恼的原因。一旦我们做到了这些，我们就能有针对性地采用解决问题的具体方法，化干戈为玉帛，提升企业的信誉和品牌效应。

知识链接

某知名首饰企业的相关服务质量理念

质量目标：

(1)顾客满意率≥92%。

(2)销售商品合格率100%。

(3)黄金珠宝类营业员持专业证书上岗率≥90%。

(4)设备设施完好率≥96%。

(5)无重大安全质量责任事故。

质量方针：

坚持专业经营，实现集约发展，注重品牌提升，追求顾客满意

本章练习题

1. 钻石首饰如何保养？如何清洗？

2. 为什么钻石被誉为“宝石之王”，试从下列3方面阐述：

①历史文化方面；②钻石特性方面；③商贸方面。

3. 顾客诉怨处理原则是什么？

4. 作好一名合格的钻石首饰导购人员应该具备哪些心理素质？

实习八　钻石首饰营销

一、实习目的

(1)学习钻石首饰的营销方法和技巧,学习钻石首饰的主要品种以及特征,钻石首饰的佩戴要求。

(2)掌握接待顾客的基本程序、礼仪和钻石内在价值的介绍方法。

(3)掌握钻石首饰的导购原则、要点和技巧。

(4)掌握钻石一般清洗、保养的方法。

(5)掌握正确处理顾客投诉和抱怨的原则及方法。

二、实习场所及工具

(1)珠宝营销实验室。

(2)镊子、托盘、10×放大镜、“八心八箭”观察镜、白手套。

(3)三个柜台,钻饰10件,裸钻20粒(带钻石分级证书)。

三、实习内容及步骤

(1)利用实际营销环节的实训设备,实践接待顾客的基本程序和服务要点。

(2)通过向顾客展示钻饰,介绍钻石内在价值,与顾客建立良好的交流氛围。

(3)在交流中,体现导购的原则和要点,全力促成交易的达成。

(4)正确为顾客清洗保养钻饰,正确处理顾客的怨诉。

附录一　比率分级表(GB/T16554－2010)

（台宽比：44%～72%）

1　台宽比＝44%～49%

项　目	差	一般	差
冠角(α)/(°)	＜20.0	20.0～41.4	＞41.4
亭角(β)/(°)	＜37.4	37.4～44.0	＞44.0
冠高比/%	＜7.0	7.0～21.0	＞21.0
亭深比/%	＜38.0	38.0～48.0	＞48.0
腰厚比/%	—	≤10.5	＞10.5
腰厚	—	极薄－极厚	极厚
底尖大小/%	—	—	—
全深比/%	＜50.9	50.9～70.9	＞70.9
α＋β/(°)	—	—	—
星刻面长度比/%	—	—	—
下腰面长度比/%	—	—	—

2　台宽比＝50%

项　目	差	一般	好	很好	好	一般	差
冠角(α)/(°)	＜20.0	20.0～21.6	21.8～26.0	26.2～36.2	36.4～37.8	38.0～41.4	＞41.4
亭角(β)/(°)	＜37.4	37.4～38.4	38.6～39.6	39.8～42.4	42.6～43.0	43.2～44.0	＞44.0
冠高比/%	＜7.0	7.0～8.5	9.0～10.0	10.5～18.0	18.5～19.5	20.0～21.0	＞21.0
亭深比/%	＜38.0	38.0～39.5	40.0～41.0	41.5～45.0	45.5～46.5	47.0～48.0	＞48.0
腰厚比/%	—	—	＜2.0	2.0～5.5	6.0～7.5	8.0～10.5	＞10.5
腰厚	—	—	极薄	很薄－厚	很厚	极厚	极厚
底尖大小/%	—	—	—	＜2.0	2.0～4.0	＞4.0	—
全深比/%	＜50.9	50.9～59.0	59.1～61.0	61.1～64.5	64.6～66.9	67.0～70.9	＞70.9
α＋β/(°)	—	＜65.0	65.0～68.6	68.8～79.4	79.6～80.0	＞80.0	—
星刻面长度比/%	—	—	＜40	40～70	＞70	—	—
下腰面长度比/%	—	—	＜65	65～90	＞90	—	—

3　台宽比＝51％

项　目	差	一般	好	很好	好	一般	差
冠角(α)/(°)	＜20.0	20.0～21.6	21.8～26.0	26.2～36.6	36.8～38.0	38.2～41.4	＞41.4
亭角(β)/(°)	＜37.4	37.4～38.4	38.6～39.6	39.8～42.4	42.6～43.0	43.2～44.0	＞44.0
冠高比/％	＜7.0	7.0～8.5	9.0～10.0	10.5～18.0	18.5～19.5	20.0～21.0	＞21.0
亭深比/％	＜38.0	38.0～39.5	40.0～41.0	41.5～45.0	45.5～46.5	47.0～48.0	＞48.0
腰厚比/％	—	—	＜2.0	2.0～5.5	6.0～7.5	8.0～10.5	＞10.5
腰厚	—	—	极薄	很薄一厚	很厚	极厚	极厚
底尖大小/％	—	—	—	＜2.0	2.0～4.0	＞4.0	—
全深比/％	＜50.9	50.9～58.8	58.9～61.0	61.1～64.5	64.6～66.9	67.0～70.9	＞70.9
α＋β/(°)	—	＜65.0	65.0～68.6	68.8～79.4	79.6～80.0	＞80.0	—
星刻面长度比/％	—	—	＜40	40～70	＞70	—	—
下腰面长度比/％	—	—	＜65	65～90	＞90	—	—

4　台宽比＝52％

项　目	差	一般	好	很好	极好	很好	好	一般	差
冠角(α)/(°)	＜20.0	20.0～21.6	21.8～26.0	26.2～31.0	31.2～36.0	36.2～37.2	36.4～38.6	38.8～41.4	＞41.4
亭角(β)/(°)	＜37.4	37.4～38.4	38.6～39.6	39.8～40.4	40.6～41.8	42.0～42.4	42.6～43.0	43.2～44.0	＞44.0
冠高比/％	＜7.0	7.0～8.5	9.0～10.0	10.5～11.5	12.0～17.0	17.5～18.0	18.5～19.5	20.0～21.0	＞21.0
亭深比/％	＜38.0	38.0～39.5	40.0～41.0	41.5～42.5	43.0～44.5	45.0	45.5～46.5	47.0～48.0	＞48.0
腰厚比/％	—	—	＜2.0	2.0	2.0～4.5	5.0～5.5	6.0～7.5	8.0～10.5	＞10.5
腰厚	—	—	极薄	很薄	薄一稍厚	厚	很厚	极厚	极厚
底尖大小/％	—	—	—	—	＜1.0	1.0～1.9	2.0～4.0	＞4.0	—
全深比/％	＜50.9	50.9～58.6	58.7～60.7	60.8～61.5	61.6～63.2	63.3～64.5	64.6～66.9	67.0～70.9	＞70.9
α＋β/(°)	—	＜65.0	65.0～68.6	68.8～72.8	73.0～77.0	77.2～79.4	79.6～80.0	＞80.0	—
星刻面长度比/％	—	—	＜40	40	45～65	70	＞70	—	—
下腰面长度比/％	—	—	＜65	65	70～85	90	＞90	—	—

5　台宽比＝53%

项　目	差	一般	好	很好	极好	很好	好	一般	差
冠角(α)/(°)	<20.0	20.0～21.6	21.8～26.0	26.2～31.0	31.2～36.0	36.2～37.6	37.8～39.0	39.2～41.4	>41.4
亭角(β)/(°)	<37.4	37.4～38.4	38.6～39.6	39.8～40.4	40.6～41.8	42.0～42.4	42.6～43.0	43.2～44.0	>44.0
冠高比/%	<7.0	7.0～8.5	9.0～10.0	10.5～11.5	12.0～17.0	17.5～18.0	18.5～19.5	20.0～21.0	>21.0
亭深比/%	<38.0	38.0～39.5	40.0～41.0	41.5～42.5	43.0～44.5	45.0	45.5～46.5	47.0～48.0	>48.0
腰厚比/%	—	—	<2.0	2.0	2.0～4.5	5.0～5.5	6.0～7.5	8.0～10.5	>10.5
腰厚	—	—	极薄	很薄	薄—稍厚	厚	很厚	极厚	极厚
底尖大小/%	—	—	—	—	<1.0	1.0～1.9	2.0～4.0	>4.0	—
全深比/%	<50.9	50.9～58.0	58.1～60.3	60.4～61.3	61.4～63.2	63.3～64.5	64.6～66.9	67.0～70.9	>70.9
α+β/(°)	—	<65.0	65.0～68.6	68.8～72.8	73.0～77.0	77.2～79.4	79.6～80.0	>80.0	—
星刻面长度比/%	—	—	<40	40	45～65	70	>70	—	—
下腰面长度比/%	—	—	<65	65	70～85	90	>90	—	—

6　台宽比＝54%

项　目	差	一般	好	很好	极好	很好	好	一般	差
冠角(α)/(°)	<20.0	20.0～21.6	21.8～26.0	26.2～31.0	31.2～36.0	36.2～38.2	38.4～39.6	39.8～41.4	>41.4
亭角(β)/(°)	<37.4	37.4～38.4	38.6～39.6	39.8～40.4	40.6～41.8	42.0～42.4	42.6～43.0	43.2～44.0	>44.0
冠高比/%	<7.0	7.0～8.5	9.0～10.0	10.5～11.5	12.0～17.0	17.5～18.0	18.5～19.5	20.0～21.0	>21.0
亭深比/%	<38.0	38.0～39.5	40.0～41.0	41.5～42.5	43.0～44.5	45.0	45.5～46.5	47.0～48.0	>48.0
腰厚比/%	—	—	<2.0	2.0	2.0～4.5	5.0～5.5	6.0～7.5	8.0～10.5	>10.5
腰厚	—	—	极薄	很薄	薄—稍厚	厚	很厚	极厚	极厚
底尖大小/%	—	—	—	—	<1.0	1.0～1.9	2.0～4.0	>4.0	—
全深比/%	<50.9	50.9～57.8	57.9～60.0	60.1～61.1	61.2～63.2	63.3～64.7	64.8～66.9	67.0～70.9	>70.9
α+β/(°)	—	<65.0	65.0～68.6	68.8～72.8	73.0～77.0	77.2～79.4	79.6～80.0	>80.0	—
星刻面长度比/%	—	—	<40	40	45～65	70	>70	—	—
下腰面长度比/%	—	—	<65	65	70～85	90	>90	—	—

7　台宽比＝55％

项　目	差	一般	好	很好	极好	很好	好	一般	差
冠角(α)/(°)	＜20.0	20.0～21.6	21.8～26.0	26.2～31.0	31.2～36.0	36.2～38.8	39.0～40.0	40.2～41.4	＞41.4
亭角(β)/(°)	＜37.4	37.4～38.4	38.6～39.6	39.8～40.4	40.6～41.8	42.0～42.4	42.6～43.0	43.2～44.0	＞44.0
冠高比/％	＜7.0	7.0～8.5	9.0～10.0	10.5～11.5	12.0～17.0	17.5～18.0	18.5～19.5	20.0～21.0	＞21.0
亭深比/％	＜38.0	38.0～39.5	40.0～41.0	41.5～42.5	43.0～44.5	45.0	45.5～46.5	47.0～48.0	＞48.0
腰厚比/％	—	—	＜2.0	2.0	2.0～4.5	5.0～5.5	6.0～7.5	8.0～10.5	＞10.5
腰厚	—	—	极薄	很薄	薄—稍厚	厚	很厚	极厚	极厚
底尖大小/％	—	—	—	—	＜1.0	1.0～1.9	2.0～4.0	＞4.0	—
全深比/％	＜50.9	50.9～57.5	57.6～59.7	59.8～60.9	61.0～63.2	63.3～64.7	64.8～66.9	67.0～70.9	＞70.9
α＋β/(°)	—	＜65.0	65.0～68.6	68.8～72.8	73.0～77.0	77.2～79.4	79.6～80.0	＞80.0	—
星刻面长度比/％	—	—	＜40	40	45～65	70	＞70	—	—
下腰面长度比/％	—	—	＜65	65	70～85	90	＞90	—	—

8　台宽比＝56％

项　目	差	一般	好	很好	极好	很好	好	一般	差
冠角(α)/(°)	＜20.0	20.0～21.6	21.8～26.0	26.2～31.0	31.2～36.0	36.2～38.8	39.0～40.0	40.2～41.4	＞41.4
亭角(β)/(°)	＜37.4	37.4～38.4	38.6～39.6	39.8～40.4	40.6～41.8	42.0～42.4	42.6～43.0	43.2～44.0	＞44.0
冠高比/％	＜7.0	7.0～8.5	9.0～10.0	10.5～11.5	12.0～17.0	17.5～18.0	18.5～19.5	20.0～21.0	＞21.0
亭深比/％	＜38.0	38.0～39.5	40.0～41.0	41.5～42.5	43.0～44.5	45.0	45.5～46.5	47.0～48.0	＞48.0
腰厚比/％	—	—	＜2.0	2.0	2.0～4.5	5.0～5.5	6.0～7.5	8.0～10.5	＞10.5
腰厚	—	—	极薄	很薄	薄—稍厚	厚	很厚	极厚	极厚
底尖大小/％	—	—	—	—	＜1.0	1.0～1.9	2.0～4.0	＞4.0	—
全深比/％	＜50.9	50.9～57.3	57.4～59.5	59.6～60.6	60.7～63.2	63.3～64.7	64.8～66.9	67.0～70.9	＞70.9
α＋β/(°)	—	＜65.0	65.0～68.6	68.8～72.8	73.0～77.0	77.2～79.2	79.4～80.0	＞80.0	—
星刻面长度比/％	—	—	＜40	40	45～65	70	＞70	—	—
下腰面长度比/％	—	—	＜65	65	70～85	90	＞90	—	—

9 台宽比＝57%

项 目	差	一般	好	很好	极好	很好	好	一般	差
冠角(α)/(°)	＜20.0	20.0～22.0	22.2～26.0	26.2～31.0	31.2～36.0	36.2～38.8	39.0～40.0	40.2～41.4	＞41.4
亭角(β)/(°)	＜37.4	37.4～38.4	38.6～39.6	39.8～40.4	40.6～41.8	42.0～42.4	42.6～43.0	43.2～44.0	＞44.0
冠高比/%	＜7.0	7.0～8.5	9.0～10.0	10.5～11.5	12.0～17.0	17.5～18.0	18.5～19.5	20.0～21.0	＞21.0
亭深比/%	＜38.0	38.0～39.5	40.0～41.0	41.5～42.5	43.0～44.5	45.0	45.5～46.5	47.0～48.0	＞48.0
腰厚比/%	—	—	＜2.0	2.0	2.0～4.5	5.0～5.5	6.0～7.5	8.0～10.5	＞10.5
腰厚	—	—	极薄	很薄	薄一稍厚	厚	很厚	极厚	极厚
底尖大小/%	—	—	—	—	＜1.0	1.0～1.9	2.0～4.0	＞4.0	—
全深比/%	＜50.9	50.9～57.0	57.1～58.3	58.4～60.0	60.1～63.2	63.3～64.5	64.6～66.9	67.0～70.9	＞70.9
α＋β/(°)	—	＜65.0	65.0～68.6	68.8～72.8	73.0～77.0	77.2～78.8	79.0～80.0	＞80.0	—
星刻面长度比/%	—	—	＜40	40	45～65	70	＞70	—	—
下腰面长度比/%	—	—	＜65	65	70～85	90	＞90	—	—

10 台宽比＝58%

项 目	差	一般	好	很好	极好	很好	好	一般	差
冠角(α)/(°)	＜20.0	20.0～22.6	22.8～26.0	26.2～31.0	31.2～36.0	36.2～38.2	38.4～40.0	40.2～41.4	＞41.4
亭角(β)/(°)	＜37.4	37.4～38.4	38.6～39.6	39.8～40.4	40.6～41.8	42.0～42.4	42.6～43.0	43.2～44.0	＞44.0
冠高比/%	＜7.0	7.0～8.5	9.0～10.0	10.5～11.5	12.0～17.0	17.5～18.0	18.5～19.5	20.0～21.0	＞21.0
亭深比/%	＜38.0	38.0～39.5	40.0～41.5	42.0～42.5	43.0～44.5	45.0	45.5～46.5	47.0～48.0	＞48.0
腰厚比/%	—	—	＜2.0	2.0	2.0～4.5	5.0～5.5	6.0～7.5	8.0～10.5	＞10.5
腰厚	—	—	极薄	很薄	薄一稍厚	厚	很厚	极厚	极厚
底尖大小/%	—	—	—	—	＜1.0	1.0～1.9	2.0～4.0	＞4.0	—
全深比/%	＜50.9	50.9～56.8	56.9～59.1	59.2～59.8	59.9～63.2	63.3～64.5	64.6～66.9	67.0～70.9	＞70.9
α＋β/(°)	—	＜65.0	65.0～68.6	68.8～72.8	73.0～77.0	77.2～78.6	78.8～80.0	＞80.0	—
星刻面长度比/%	—	—	＜40	40	45～65	70	＞70	—	—
下腰面长度比/%	—	—	＜65	65	70～85	90	＞90	—	—

11　台宽比＝59%

项　目	差	一般	好	很好	极好	很好	好	一般	差
冠角(α)/(°)	＜20.0	20.0～23.0	23.2～26.6	26.8～31.0	31.2～36.0	36.2～38.2	38.4～40.0	40.2～41.4	＞41.4
亭角(β)/(°)	＜37.4	37.4～38.4	38.6～39.8	40.0～40.4	40.6～41.8	42.0～42.4	42.6～43.0	43.2～44.0	＞44.0
冠高比/%	＜7.0	7.0～8.5	9.0～10.0	10.5～11.5	12.0～17.0	17.5～18.0	18.5～19.5	20.0～21.0	＞21.0
亭深比/%	＜38.0	38.0～39.5	40.0～41.0	41.5～42.5	43.0～44.5	45.0	45.5～46.5	47.0～48.0	＞48.0
腰厚比/%	—	—	＜2.0	2.0	2.0～4.5	5.0～5.5	6.0～7.5	8.0～10.5	＞10.5
腰厚	—	—	极薄	很薄	薄一稍厚	厚	很厚	极厚	极厚
底尖大小/%	—	—	—	—	＜1.0	1.0～1.9	2.0～4.0	＞4.0	—
全深比/%	＜50.9	50.9～56.4	56.5～58.7	58.8～59.6	59.7～63.2	63.3～64.5	64.6～66.9	67.0～70.9	＞70.9
α＋β/(°)	—	＜65.0	65.0～68.6	68.8～72.8	73.0～77.0	77.2～78.2	78.4～80.0	＞80.0	—
星刻面长度比/%	—	—	＜40	40	45～65	70	＞70	—	—
下腰面长度比/%	—	—	＜65	65	70～85	90	＞90	—	—

12　台宽比＝60%

项　目	差	一般	好	很好	极好	很好	好	一般	差
冠角(α)/(°)	＜20.0	20.0～23.6	23.8～27.0	27.2～31.0	31.2～35.8	36.0～37.6	37.8～40.0	40.2～41.4	＞41.4
亭角(β)/(°)	＜37.4	37.4～38.4	38.6～40.0	40.2～40.6	40.8～41.8	42.0～42.2	42.4～43.0	43.2～44.0	＞44.0
冠高比/%	＜7.0	7.0～8.5	9.0～10.0	10.5～11.5	12.0～17.0	17.5～18.0	18.5～19.5	20.0～21.0	＞21.0
亭深比/%	＜38.0	38.0～39.5	40.0～41.5	42.0～42.5	43.0～44.5	45.0	45.5～46.5	47.0～48.0	＞48.0
腰厚比/%	—	—	＜2.0	2.0	2.0～4.5	5.0～5.5	6.0～7.5	8.0～10.5	＞10.5
腰厚	—	—	极薄	很薄	薄一稍厚	厚	很厚	极厚	极厚
底尖大小/%	—	—	—	—	＜1.0	1.0～1.9	2.0～4.0	＞4.0	—
全深比/%	＜50.9	50.9～56.2	56.3～58.0	58.1～58.4	58.5～63.2	63.3～64.5	64.6～66.9	67.0～70.9	＞70.9
α＋β/(°)	—	＜65.0	65.0～68.6	68.8～72.8	73.0～77.0	77.2～77.8	78.0～80.0	＞80.0	—
星刻面长度比/%	—	—	＜40	40	45～65	70	＞70	—	—
下腰面长度比/%	—	—	＜65	65	70～85	90	＞90	—	—

13 台宽比＝61%

项　目	差	一般	好	很好	极好	很好	好	一般	差
冠角(α)/(°)	＜20.0	20.0～24.0	24.2～27.6	27.8～32.0	32.2～35.6	35.8～37.6	37.8～40.0	40.2～41.4	＞41.4
亭角(β)/(°)	＜37.4	37.4～38.8	39.0～40.2	40.4～40.6	40.8～41.8	42.0～42.2	42.4～43.0	43.2～44.0	＞44.0
冠高比/%	＜7.0	7.0～8.5	9.0～10.0	10.5～11.5	12.0～17.0	17.5～18.0	18.5～19.5	20.0～21.0	＞21.0
亭深比/%	＜38.0	38.0～40.0	40.5～42.0	42.5	43.0～44.5	45.0	45.5～46.5	47.0～48.0	＞48.0
腰厚比/%	—	—	＜2.0	2.0	2.0～4.5	5.0～5.5	6.0～7.5	8.0～10.5	＞10.5
腰厚	—	—	极薄	很薄	薄－稍厚	厚	很厚	极厚	极厚
底尖大小/%	—	—	—	—	＜1.0	1.0～1.9	2.0～4.0	＞4.0	—
全深比/%	＜50.9	50.9～56.0	56.1～57.7	57.8～58.4	58.5～63.2	63.3～64.5	64.6～66.9	67.0～70.9	＞70.9
α＋β/(°)	—	＜65.0	65.0～68.6	68.8～72.8	73.0～77.0	77.2～77.6	77.8～80.0	＞80.0	—
星刻面长度比/%	—	—	＜40	40	45～65	70	＞70	—	—
下腰面长度比/%	—	—	＜65	65	70～85	90	＞90	—	—

14 台宽比＝62%

项　目	差	一般	好	很好	极好	很好	好	一般	差
冠角(α)/(°)	＜20.0	20.0～24.6	24.8～28.0	28.2～32.6	32.8～35.0	35.2～36.8	37.0～40.0	40.2～41.4	＞41.4
亭角(β)/(°)	＜37.4	37.4～39.0	39.2～40.4	40.6～40.8	41.0～41.6	41.8～42.2	42.4～43.0	43.2～44.0	＞44.0
冠高比/%	＜7.0	7.0～8.5	9.0～10.0	10.5～11.5	12.0～17.0	17.5～18.0	18.5～19.5	20.0～21.0	＞21.0
亭深比/%	＜38.0	38.0～40.5	41.0～42.0	42.5	43.0～44.5	45.0	45.5～46.5	47.0～48.0	＞48.0
腰厚比/%	—	—	＜2.0	2.0	2.0～4.5	5.0～5.5	6.0～7.5	8.0～10.5	＞10.5
腰厚	—	—	极薄	很薄	薄－稍厚	厚	很厚	极厚	极厚
底尖大小/%	—	—	—	—	＜1.0	1.0～1.9	2.0～4.0	＞4.0	—
全深比/%	＜50.9	50.9～55.7	55.8～57.3	57.4～58.4	58.5～63.2	63.3～64.5	64.6～66.9	67.0～70.9	＞70.9
α＋β/(°)	—	＜65.0	65.0～68.6	68.8～72.8	73.0～77.0	77.2～77.4	77.6～80.0	＞80.0	—
星刻面长度比/%	—	—	＜40	40	45～65	70	＞70	—	—
下腰面长度比/%	—	—	＜65	65	70～85	90	＞90	—	—

15 台宽比＝63%

项 目	差	一般	好	很好	好	一般	差
冠角(α)/(°)	<20.0	20.0～25.0	25.2～28.6	28.8～36.2	36.4～40.0	40.2～41.4	>41.4
亭角(β)/(°)	<37.4	37.4～38.8	39.0～40.4	40.6～42.0	42.2～43.0	43.2～44.0	>44.0
冠高比/%	<7.0	7.0～8.5	9.0～10.0	10.5～18.0	18.5～19.5	20.0～21.0	>21.0
亭深比/%	<38.0	38.0～40.0	40.5～42.0	42.5～45.0	45.5～46.5	47.0～48.0	>48.0
腰厚比/%	—	—	<2.0	2.0～5.5	6.0～7.5	8.0～10.5	>10.5
腰厚	—	—	极薄	很薄一厚	很厚	极厚	极厚
底尖大小/%	—	—	—	<2.0	2.0～4.0	>4.0	—
全深比/%	<50.9	50.9～55.4	55.5～56.8	56.9～64.5	64.6～66.9	67.0～70.9	>70.9
α+β/(°)	—	<65.0	65.0～68.6	68.8～76.8	77.0～80.0	>80.0	—
星刻面长度比/%	—	—	<40	40～70	>70	—	—
下腰面长度比/%	—	—	<65	65～90	>90	—	—

16 台宽比＝64%

项 目	差	一般	好	很好	好	一般	差
冠角(α)/(°)	<20.0	20.0～25.8	26.0～29.8	30.0～35.8	36.0～40.0	40.2～41.4	>41.4
亭角(β)/(°)	<37.4	37.4～39.2	39.4～40.6	40.8～42.0	42.2～43.0	43.2～44.0	>44.0
冠高比/%	<7.0	7.0～8.5	9.0～10.0	10.5～18.0	18.5～19.5	20.0～21.0	>21.0
亭深比/%	<38.0	38.0～40.5	41.0～42.5	43.0～45.0	45.5～46.5	47.0～48.0	>48.0
腰厚比/%	—	—	<2.0	2.0～5.5	6.0～7.5	8.0～10.5	>10.5
腰厚	—	—	极薄	很薄一厚	很厚	极厚	极厚
底尖大小/%	—	—	—	<2.0	2.0～4.0	>4.0	—
全深比/%	<50.9	50.9～55.2	55.3～56.6	56.7～64.5	64.6～66.9	67.0～70.9	>70.9
α+β/(°)	—	<65.0	65.0～68.6	68.8～76.4	76.8～80.0	>80.0	—
星刻面长度比/%	—	—	<40	40～70	>70	—	—
下腰面长度比/%	—	—	<65	65～90	>90	—	—

17 台宽比=65%

项　目	差	一般	好	很好	好	一般	差
冠角(α)/(°)	<20.0	20.0~26.8	27.0~30.4	30.6~35.0	35.2~40.0	40.2~41.4	>41.4
亭角(β)/(°)	<37.4	37.4~39.4	39.6~39.6	39.8~42.4	42.6~43.0	43.2~44.0	>44.0
冠高比/%	<7.0	7.0~8.5	9.0~10.0	10.5~18.0	18.5~19.5	20.0~21.0	>21.0
亭深比/%	<38.0	38.0~41.0	41.5~42.5	43.0~45.0	45.5~46.5	47.0~48.0	>48.0
腰厚比/%	—	—	<2.0	2.0~5.5	6.0~7.5	8.0~10.5	>10.5
腰厚	—	—	极薄	很薄一厚	很厚	极厚	极厚
底尖大小/%	—	—	—	<2.0	2.0~4.0	>4.0	—
全深比/%	<50.9	50.9~54.9	55.0~56.4	56.5~64.5	64.6~66.9	67.0~70.9	>70.9
α+β/(°)	—	<65.0	65.0~68.6	68.8~76.2	76.4~80.0	>80.0	—
星刻面长度比/%	—	—	<40	40~70	>70	—	—
下腰面长度比/%	—	—	<65	65~90	>90	—	—

18 台宽比=66%

项　目	差	一般	好	很好	好	一般	差
冠角(α)/(°)	<20.0	20.0~27.0	27.2~31.4	31.6~34.4	34.6~40.0	40.2~41.4	>41.4
亭角(β)/(°)	<37.4	37.4~39.6	39.8~40.8	41.0~42.0	42.2~43.0	43.2~44.0	>44.0
冠高比/%	<7.0	7.0~8.5	9.0~10.0	10.5~18.0	18.5~19.5	20.0~21.0	>21.0
亭深比/%	<38.0	38.0~41.0	41.5~42.5	43.0~45.0	45.5~46.5	47.0~48.0	>48.0
腰厚比/%	—	—	<2.0	2.0~5.5	6.0~7.5	8.0~10.5	>10.5
腰厚	—	—	极薄	很薄一厚	很厚	极厚	极厚
底尖大小/%	—	—	—	<2.0	2.0~4.0	>4.0	—
全深比/%	<50.9	50.9~54.8	54.9~56.2	56.3~64.5	64.6~66.9	67.0~70.9	>70.9
α+β/(°)	—	<65.0	65.0~68.6	68.8~75.8	76.0~80.0	>80.0	—
星刻面长度比/%	—	—	<40	40~70	>70	—	—
下腰面长度比/%	—	—	<65	65~90	>90	—	—

19　台宽比=67%

项　目	差	一般	好	一般	差
冠角(α)/(°)	<20.0	22.0～27.6	27.8～40.0	40.2～41.4	>41.4
亭角(β)/(°)	<37.4	37.4～39.6	39.8～43.0	43.2～44.0	>44.0
冠高比/%	<7.0	7.0～8.5	9.0～19.5	20.0～21.0	>21.0
亭深比/%	<38.0	38.0～41.0	41.5～46.5	47.0～48.0	>48.0
腰厚比/%	—	—	<7.5	7.5～10.5	>10.5
腰厚	—	—	极薄—很厚	极厚	极厚
底尖大小/%	—	—	≤4.0	>4.0	—
全深比/%	<50.9	50.9～54.6	54.7～66.9	67.0～70.9	>70.9
α+β/(°)	—	<65.0	65.0～80.0	>80.0	—
星刻面长度比/%	—	—	—	—	—
下腰面长度比/%	—	—	—	—	—

20　台宽比=68%

项　目	差	一般	好	一般	差
冠　角(α)/(°)	<23.0	23.0～28.6	28.8～40.0	40.2～41.4	>41.4
亭角(β)/(°)	<37.4	37.4～39.8	40.0～43.0	43.2～44.0	>44.0
冠高比/%	<7.0	7.0～8.5	9.0～19.5	20.0～21.0	>21.0
亭深比/%	<38.0	38.0～41.0	42.0～46.5	47.0～48.0	>48.0
腰厚比/%	—	—	<7.5	7.5～10.5	>10.5
腰厚	—	—	极薄—很厚	极厚	极厚
底尖大小/%	—	—	≤4.0	>4.0	—
全深比/%	<50.9	50.9～54.4	54.5～66.9	67.0～70.9	>70.9
α+β/(°)	—	<68.0	68.0～80.0	>80.0	—
星刻面长度比/%	—	—	—	—	—
下腰面长度比/%	—	—	—	—	—

21 台宽比＝69%

项目	差	一般	好	一般	差
冠角(α)/(°)	＜24.0	24.0～29.0	29.2～40.0	40.2～41.4	＞41.4
亭角(β)/(°)	＜37.4	37.4～40.0	40.2～43.0	43.2～44.0	＞44.0
冠高比/%	＜7.0	7.0～8.5	9.0～19.5	20.0～21.0	＞21.0
亭深比/%	＜38.0	38.0～42.0	42.5～46.5	47.0～48.0	＞48.0
腰厚比/%	—	—	＜7.5	7.5～10.5	＞10.5
腰厚	—	—	极薄－很厚	极厚	极厚
底尖大小/%	—	—	≤4.0	＞4.0	—
全深比/%	＜50.9	50.9～54.2	54.3～66.9	67.0～70.9	＞70.9
α＋β/(°)	—	＜65.0	65.0～80.0	＞80.0	—
星刻面长度比/%	—	—	—	—	—
下腰面长度比/%	—	—	—	—	—

22 台宽比＝70%

项目	差	一般	好	一般	差
冠角(α)/(°)	＜24.0	24.0～29.0	29.2～40.0	40.2～41.4	＞41.4
亭角(β)/(°)	＜37.4	37.4～40.0	40.2～43.0	43.2～44.0	＞44.0
冠高比/%	＜7.0	7.0～8.5	9.0～19.5	20.0～21.0	＞21.0
亭深比/%	＜38.0	38.0～42.0	42.5～46.5	47.0～48.0	＞48.0
腰厚比/%	—	—	＜7.5	7.5～10.5	＞10.5
腰厚	—	—	极薄－很厚	极厚	极厚
底尖大小/%	—	—	≤4.0	＞4.0	—
全深比/%	＜50.9	50.9～54.0	54.1～66.9	67.0～70.9	＞70.9
α＋β/(°)	—	＜65.0	65.0～80.0	＞80.0	—
星刻面长度比/%	—	—	—	—	—
下腰面长度比/%	—	—	—	—	—

23 台宽比＝71%～72%

项 目	差	一般	差
冠角(α)/(°)	＜24.0	24.0～41.4	＞41.4
亭角(β)/(°)	＜37.4	37.4～44.0	＞44.0
冠高比/%	＜7.0	7.0～21.0	＞21.0
亭深比/%	＜38.0	38.0～48.0	＞48.0
腰厚比/%	—	≤10.5	＞10.5
腰厚	—	极薄一极厚	极厚
底尖大小/%	—	—	—
全深比/%	＜50.9	50.9～70.9	＞70.9
α＋β/(°)	—	—	—
星刻面长度比/%	—	—	—
下腰面长度比/%	—	—	—

附录二 钻石建议克拉质量表

平均直径(mm)	建议克拉质量(ct)	平均直径(mm)	建议克拉质量(ct)
2.9	0.09	6.2	0.86
3.0	0.10	6.3	0.90
3.1	0.11	6.4	0.94
3.2	0.12	6.5	1.00
3.3	0.13	6.6	1.03
3.4	0.14	6.7	1.08
3.5	0.15	6.8	1.13
3.6	0.17	6.9	1.18
3.7	0.18	7.0	1.23
3.8	0.20	7.1	1.33
3.9	0.21	7.2	1.39
4.0	0.23	7.3	1.45
4.1	0.25	7.4	1.51
4.2	0.27	7.5	1.57
4.3	0.29	7.6	1.63
4.4	0.31	7.7	1.70
4.5	0.33	7.8	1.77
4.6	0.35	7.9	1.83
4.7	0.37	8.0	1.91
4.8	0.40	8.1	1.98
4.9	0.42	8.2	2.05
5.0	0.45	8.3	2.13
5.1	0.48	8.4	2.21
5.2	0.50	8.5	2.29
5.3	0.53	8.6	2.37
5.4	0.57	8.7	2.45
5.5	0.60	8.8	2.54
5.6	0.63	8.9	2.62
5.7	0.66	9.0	2.71
5.8	0.70	9.1	2.80
5.9	0.74	9.2	2.90
6.0	0.78	9.3	2.99
6.1	0.81	9.4	3.09

注：1. 计算得出的平均直径，按照数字修约国家标准，修约至0.1mm，从本表查得钻石建议质量；

2. 依据GB/T16554－2010。

附录三 全国主要珠宝玉石鉴定机构

1. 国家珠宝玉石质量监督检测中心

北京安定门外大街小黄庄路 19 号 010－84273637

2. 中国轻工总会宝玉石监督检测中心上海检测站

上海市新华路 365 弄 6 号 021－63220033

3. 湖北省宝玉石质量检验中心

武汉市武昌中国地质大学珠宝学院 027－87481009

4. 湖北武汉金银珠宝检测中心

武汉市汉口利济北路 246 号 027－85832594

5. 湖北黄石金银饰品质量监督中心

湖北省黄石市武汉路 186 号 0714－6232742

6. 北大宝石鉴定中心

北京市海淀区中关村 010－62755676

7. 天津宝玉石检测中心

天津市昆明路 74 号 022－2730225

8. 重庆市宝石产品质量监督检验站

重庆大学中心实验大楼 318 室 023－69852528

9. 广东省金银饰品检测中心

广州市农林下路 81 号之三隧局大厦 020－87301500

10. 广东省技术监督珠宝玉石质量监督检验站

广州市东风东路 751 号 020－87777771－3298

11. 上海中宝宝玉石鉴测中心

上海市武夷路 242 号 021－52389058

12. 浙江省珠宝玉石质量监督检验站

杭州市体育场路 498 号 0571－5157210

13. 江苏技术监督局南京大学珠宝产品质量检验站

南京市汉江路 22 号(南大新教楼 104 室) 025－3593789

14. 江苏省黄金饰品检测中心

南京市中山东路 534 号 025－6641708

15. 江苏省技术监督珠宝首饰质检站

南京市珠江路 700 号　025－6646182－265

16. 无锡市宝石检测中心

江苏省无锡市 916 信箱　0510－3792724

17. 福建省宝玉石质量监督检验站

福州市洪山桥梁厝 97 号　0591－3711183

18. 福建省金银检测站

福州市北环中路 61 号　0591－7841535

19. 云南珠宝检测中心

昆明市北京路 35 号　0871－3511583

20. 贵州金银珠宝玉石产品质检站

贵阳市北路 76 号　0851－6822333－408

21. 成都市产品质量监督检验所

成都市衣冠庙永丰路 9 号　028－5180554

22. 成都金银珠宝质量监督检验站

成都市二仙桥东三路 1 号　028－3334712－4512

23. 江西九江市珠宝金银质检站

江西省九江市浔阳路 52 号　0792－8225425

24. 湖南省黄金宝玉石制品质检站

湖南省长沙市南大路 84 号　0731－5160105

25. 西安宝石鉴定中心

西安市雁塔路南段 6 号　029－5525062

26. 甘肃省宝玉石鉴定中心

兰州市红星一巷 168 号　0931－8886737

27. 黑龙江宝玉石质量监督检查站

哈尔滨市中心路 65 号　0451－5662783

28. 吉林市产品质量监督检验所

吉林市吉林大街 42 号　0432－4661517

29. 大连金银珠宝饰品监督检验中心

大连市万岁街 68－2 号　0411－4604512

30. 河北省金银宝玉饰品质检站

河北省保定市百花路 53 号　0312－3026932

31. 河北石家庄市珠宝玉石产品质量检验站

石家庄市槐南东路 50 号　0311－5052562

32. 济南宝玉石产品质量检验站

济南市科院路 19 号　0531－2962721

33. 青岛市宝石质量监督检验站

山东省青岛市福州路中段青岛 18 号信箱　0532 - 5833690

34. 浙江省黄金珠宝品饰质量检测中心

杭州市天目山路 222 号　0571 - 85128407

35. 国家首饰质量监督检验中心

北京市朝阳区大屯路甲 2 号　010 - 64871971

36. 中国地质大学北京地大宝石检验中心

北京市海淀区学院路 29 号　010 - 82323039

注：(1)出具正规的珠宝玉石质量检验证书，必须是国家认定的检测机构。检验证书上一定要印有“CMA”、“CAL”、“CNAL”三个标识中的任一个标识。

(2)上述信息采集时间为 2008 年。

主要参考文献

1. 张蓓莉等.系统宝石学[M].北京:地质出版社,2007.

2. 国家质量监督检验检疫总局.钻石分级(GB/T16554-2010),2010.

3. 吴瑞华等.钻石学教程[M].北京:地质出版社,2006.

4. 袁心强.钻石分级的原理[M].武汉:中国地质大学出版社,1998.

5. 包德清.珠宝市场营销学[M].武汉:中国地质大学出版社,2004.